KB078990

세상에서 가장 쉬운 과학 수업

DNA 구조

세상에서 가장 쉬운 과학 수업
DNA 구조
ⓒ 정완상, 2024

초판 1쇄 인쇄 2024년 2월 19일
초판 1쇄 발행 2024년 2월 26일

지은이 정완상
펴낸이 이성림
펴낸곳 성림북스

책임편집 노은정
디자인 쏘울기획

출판등록 2014년 9월 3일 제25100-2014-000054호
주소 서울시 은평구 연서로3길 12-8, 502
대표전화 02-356-5762
팩스 02-356-5769
이메일 sunglimonebooks@naver.com

ISBN 979-11—93357-23-1 03400

노벨상 수상자들의 **오리지널 논문**으로 배우는 과학

세상에서 가장 쉬운 과학 수업

정완상 지음

생물학의 역사부터 DNA 구조 발견까지
생명과학의 지평을 넓힌 영웅들을 만나다!

성림원북스

CONTENTS

첫 번째 만남
생물학, 의학의 발전을 이끌다 / 021

두 번째 만남

종의 기원을 찾아서 / 099

만남에 덧붙여 / 251

과학을 처음 공부할 때 이런 책이 있었다면 얼마나 좋았을까

남순건(경희대학교 이과대학 물리학과 교수 및 전 부총장)

21세기를 20여 년 지낸 이 시점에서 세상은 또 엄청난 변화를 맞이하리라는 생각이 듭니다. 100년 전 찾아왔던 양자역학은 반도체, 레이저 등을 위시하여 나노의 세계를 인간이 이해하도록 하였고, 120년 전 아인슈타인에 의해 밝혀진 시간과 공간의 원리인 상대성이론은 이 광대한 우주가 어떤 모습으로 만들어져 왔고 앞으로 어떻게 진화할 것인가를 알게 해주었습니다. 게다가 우리가 사용하는 모든 에너지의 근원인 태양에너지를 핵융합을 통해 지구상에서 구현하려는 노력도 상대론에서 나오는 그 유명한 질량-에너지 공식이 있기에 조만간 성과가 있을 것이라 기대하게 되었습니다.

앞으로 올 22세기에는 어떤 세상이 될지 매우 궁금합니다. 특히 인공지능의 한계가 과연 무엇일지, 또한 생로병사와 관련된 생명의 신비가 밝혀져 인간 사회를 어떻게 바꿀지, 우주에서는 어떤 신비로움이 기다리고 있는지, 우리는 불확실성이 가득한 미래를 향해 달려가고 있습니다. 이러한 불확실한 미래를 들여다보는 유리구슬의 역할을 하는 것이 바로 과학적 원리들입니다.

세상에서 가장 쉬운 과학 수업 DNA 구조

지난 백여 년 간 과학에서의 엄청난 발전들은 세상의 원리를 꿰뚫어 보았던 과학자들의 통찰을 통해 우리에게 알려졌습니다. 이런 과학 발전의 영웅들의 생생한 숨결을 직접 느끼려면 그들이 썼던 논문들을 경험해 보는 것이 좋습니다. 그런데 어느 순간 일반인과 과학을 배우는 학생들은 물론 그 분야에서 연구를 하는 과학자들마저 이런 숨결을 직접 경험하지 못하고 이를 소화해서 정리해 놓은 교과서나 서적들을 통해서만 접하고 있습니다. 창의적인 생각의 흐름을 직접 접하는 것은 그런 생각을 했던 과학자들의 어깨 위에서 더 멀리 바라보고 새로운 발견을 하고자 하는 사람들에게 매우 중요합니다.

　저자인 정완상 교수가 새로운 시도로서 이러한 숨결을 우리에게 전해주려 한다고 하여 그의 30년 지기인 저는 매우 기뻤습니다. 그는 대학원생 때부터 당시 혁명기를 지나면서 폭발적인 발전을 하고 있던 끈 이론을 위시한 이론 물리 분야에서 가장 많은 논문을 썼던 사람입니다. 그리고 그러한 에너지가 일반인들과 과학도들을 위한 그의 수많은 서적들을 통해 이미 잘 알려져 있습니다. 저자는 이번에 아주 새로운 시도를 하고 있고 이는 어쩌면 우리에게 꼭 필요했던 것일 수 있습니다. 대화체로 과학의 역사와 배경을 매우 재미있게 설명하고, 그 배경 뒤에 나왔던 과학의 영웅들의 오리지널 논문들을 풀어간 것입니다. 과학사를 들려주는 책들은 많이 있으나 이처럼 일반인과 과학도의 입장에서 질문하고 이해하는 생각의 흐름을 따라 설명한 책은 없습니다. 게다가 이런 준비를 마친 후에 아인슈타인 등의 영웅들의 논문을 원래의 방식과 표기를 통해 설명하는 부분은 오랫동안 과학을 연구해온 과학자에게도 도움을 줍니다.

이 책을 읽는 독자들은 복 받은 분들일 것이 분명합니다. 제가 과학을 처음 공부할 때 이런 책이 있었다면 얼마나 좋았을까 하는 생각이 듭니다. 정완상 교수는 이제 새로운 형태의 시리즈를 시작하고 있습니다. 독보적인 필력과 독자에게 다가가는 그의 친밀성이 이 시리즈를 통해 재미있고 유익한 과학으로 전해지길 바랍니다. 그리하여 과학을 멀리하는 21세기의 한국인들에게 과학에 대한 붐이 일기를 기대합니다. 22세기를 준비해야 하는 우리에게는 이런 붐이 꼭 있어야 하기 때문입니다.

과학사를 바탕으로 생명과학을 쉽고 친근하게 접할 수 있는 책

박성은(서울과학교사모임, 세종과학고 생명과학 교사)

생물학의 발전에 물리학과 수학은 빠질 수 없는 학문입니다. 생물학의 많은 발견을 이룬 현미경의 역사가 물리학의 광학으로부터 시작하기 때문이고, 유전 법칙은 확률로 계산되는 방법을 가지고 있기 때문입니다. 특히 현재 생물학의 주를 이루는 생명공학의 기본이 되는 가장 중요한 발견이라고 할 수 있는 DNA 이중나선 구조의 발견에는 X선을 이용한 결정학이 큰 역할을 하였습니다. 이러한 과학의 위대한 발견을 알기 위해서는 과학자들이 어떻게 연구를 했는지, 과학사를 통해 그 발자취를 좇아가는 것만큼 좋은 방법이 없습니다.

이 책에서 물리학자인 저자는 생물학의 최대 발견 중 하나인 DNA의 이중나선 구조에 대한 이야기를 풀어가기 위해 생명학의 역사를 쭉 따라오며 이야기를 하고 있습니다. 저자는 이 책을 고등학교 수준의 수식을 아는 수학 능력을 가진 사람을 목표로 글을 썼다고 하였지만, 크리스퍼 유전자 가위로 노벨상을 탄 다우드나의 가상 인터뷰를 통해 DNA 이중나선을 연구하던 시절에 대한 이해를 높인 것이나 정교수님과 생물양의 대화 형식을 사용한 것은 글의 이해를 훨씬 쉽고 재미있게 합니다.

생명과학에서는 용어의 의미를 정확히만 알아도 내용의 많은 부분을 이해할 수 있는데, 이 책은 용어가 생소한 내용이나 주요한 내용에 대해 그냥 언급하였다면 처음 접하는 독자나 정확하게 알고 있지 않았던 독자에게 이해가 부족할 수 있는 부분을 생물양이 독자의 입장이 되어 궁금할 수 있는 용어나 내용을 질문하고 교수님이 쉽게 설명해주는 대화 형식을 통해 충분히 이해하며 읽어나갈 수 있습니다. 또한 과학자들이 진화나 유전 법칙 등을 알아내는 연구 과정들을 그들의 생애와 함께 스토리텔링처럼 써나가 쉽게 읽히며, 읽으면서 그들의 삶과 연구가 연결되는 것에 재미를 느낄 수 있습니다.

이 책은 생물학의 역사가 인류가 살기 위한 의학적 개념과 함께 발전해왔기에 그에 대한 설명을 첫 번째 만남에서 역사를 따라 이야기하고 있습니다. 문명의 발달과 더불어 그리스의 의학에서부터 시작한 의학과 함께 발전한 생물학 이야기를 쓴 첫 번째 만남에서, 생물의 진화를 정리한《종의 기원》을 쓴 찰스 다윈이 비글호를 타게 된 이야기의 두 번째 만남, 수도자인 멘델이 유전 법칙을 알아가는 과정을 멘델의 생애와 함께 설명하고, 이후 현대의 유전 연구 분야 선봉자였던 모건, 혈액형의 유전을 밝힐 수 있게 혈액형을 알아낸 란트슈타이너까지 만날 수 있는 세 번째 만남, 그리고 현대 생물학 연구의 뼈대를 이끌어나가고 있는 DNA 이중나선 구조의 발견에 왓슨과 크릭 외에 윌킨스와 프랭클린의 이야기가 더 자세하게 나오고 결정학에 대한 이해를 바탕으로 알 수 있게 과학사를 언급한 네 번째 만남까지. 이 책을 읽는 내내 많은 사람이 알고 있었던 내용과 더불어 이전에 몰랐던 내용이 덧붙여져 있어 흥미로우면서 술술 읽어나갈 수 있었습니다.

　현장에서 생명과학을 가르치고 있는 저도 학생들에게 생명과학을 가르칠 때 과학사를 많이 언급하는 편이고 생명과학은 이렇게 과학사를 이해하면 훨씬 연구 결과를 이해하는 것이 친근하고 쉬운 경향이 있다고 생각하는 사람이기에 이 책은 정말 재미있습니다. 만남에 덧붙여 언급된 위대한 실제 원어 논문들은 더 나아가 과학자의 활동에 관심이 있는 독자들에게 즐거움을 줄 수 있을 거라 기대되는 부분이기도 하겠습니다.

천재 과학자들의 오리지널 논문을
이해하게 되길 바라며

저는 2004년부터 지금까지 주로 초등학생을 위한 과학·수학 도서를 써왔습니다. 초등학생을 위한 책을 쓰면서 아주 즐겁지만, 한편으로 수학을 사용하지 못하는 점이 매우 아쉬웠습니다. 그래서 수식을 사용할 수 있는 일반인 대상 과학책을 써볼 기회가 저에게도 주어지기를 희망해왔습니다.

저는 1992년 KAIST(한국과학기술원)에서 이론물리학의 한 주제인『초중력이론』으로 박사 학위를 받고 운 좋게도 1992년 30세의 나이에 교수가 되어 현재까지 경상국립대학교 물리학과에서 교수로 근무하고 있습니다. 저는 매년 20여 편 이상의 논문을 수학이나 물리학의 세계적인 학술지『SCI 저널』에 게재합니다. 여가 시간에는 취미로 집필 활동을 합니다.

그동안 일반인 대상의 과학서적들은 독자들이 수학 꽝이라고 생각하고 수식을 너무 피해 가는 것 아닌가 하는 생각이 들었습니다. 저는 일반인 독자들의 수준도 매우 높아졌고 수학을 피해 가지 말고 그들도 천재 과학자들의 오리지널 논문을 이해하면서 앞으로 도래할 양자(퀀텀)의 시대와 우주여행의 시대를 멋지게 맞이할 수 있게 도움을 줄 거라는 생각에서 이 시리즈를 기획해보았습니다.

여기서 제가 설정한 일반인은 고등학교 수학이 기억나는 사람을

세상에서 가장 쉬운 과학 수업 DNA 구조

말합니다. 그동안 양자역학과 상대성이론에 관한 책은 전 세계적으로 헤아릴 수 없을 정도로 많이 출간됐고 앞으로도 계속 나오게 되겠지요. 대부분의 책들은 수식을 피하고 양자역학이나 상대성이론과 관련된 역사 이야기들 중심으로 쓰여 있어요.

이 시리즈는 많은 일반인에게 도움을 줄 수 있다고 생각합니다. 선행학습을 통해 고교수학을 알고 있는 초·중등 과학영재, 현재 고등학생이면서 이론물리학자가 꿈인 학생, 현재 이공계열 대학생으로 양자역학과 상대성원리를 좀 더 알고 싶은 사람, 아이들에게 위대한 물리 논문을 소개해주고 싶은 초·중·고 과학 선생님들, 전기·전자 소자, 반도체, 양자 관련 소자나 양자 암호시스템과 같은 일에 종사하는 직장인, 우주·항공 계통의 일에 종사하는 직장인, 양자역학과 상대성이론을 좀 더 알고 싶어 하는 실험물리학자, 어릴 때부터 수학과 과학을 사랑했던 직장인(특히 양자역학이나 상대성이론에 의한 우주이론에 관심 있는 직장인), 이론물리학자가 되고 싶어 하는 자녀를 둔 부모, 양자역학이나 상대성이론에 의한 우주이론을 통해 「인터스텔라」를 능가하는 영화를 만들고 싶어 하는 영화제작자, 양자역학이나 상대성이론에 의한 우주이론을 통해 웹툰을 만들고자 하는 웹튜너 등 많은 사람이 제가 이 시리즈를 추천하고 싶은 일반인들입니다.

저는 이 책에서 고등학교 정도의 수식을 이해하는 일반인들에게 초점을 맞추었습니다. 물론 이 시리즈의 논문에 고등학교 수학을 넘어서는 수학도 사용되지만 고등학교 수학만 알면 이해할 수 있도록 설명했습니다. 이 책을 읽고 독자들이 천재 과학자들의 오리지널 논문을 얼마나 이해할지는 개인에 따라 다를 거로 생각합니다. 책을 다 읽고 100% 이해하는 독자도 있을 거고, 70% 이해하는 독자도 있을 거고, 30% 미만으로 이해하는 독자도 있을 거로 생각합니다. 제 생각으로 이 책의 30% 이상 이해한다면 그 독자는 대단하다는 생각이 듭니다.

이 책에서 저는 생물학의 역사와 멘델의 유전법칙에 관한 논문, 모건의 초파리 실험에 대한 논문, 왓슨과 크릭의 DNA 이중나선 구조에 대한 논문을 다루었습니다. 이 책을 쓰기 위해 이 논문들과 수록하지 않은 참고 논문들을 수십 번 읽고 또 읽고, 어떻게 이 어려운 논문들을 일반인들에게 알기 쉽게 설명할까 고민 또 고민했습니다.

생물학의 역사를 고대 시대부터 자세히 다루었고, 멘델의 유전법칙이 나오는 데 큰 역할을 한 다윈의 위대한 저서 『종의 기원』에 대해서도 상세하게 다루었습니다. 수학을 좋아했던 멘델이 인수분해를 이용해 유전의 법칙을 설명하는 논문은 아주 재미있습니다. 이 논문을 통해 유전법칙의 신비를 간단한 인수분해를 통해 이해할 수 있습니다.

마지막으로 DNA의 구조를 알아내기 위한 수많은 과학자의 노력을 재미있는 과학 역사와 곁들어 다루어보았습니다. 과학자들이 노벨상을 받기까지 어떤 노력을 했는지 이 책을 통해 알 수 있을 거로 생각합니다.

진주에서 정완상 교수

생물학자 왓슨, "DNA는 이중나선 구조다" 주장
_ 노벨 화학상 받은 다우드나 깜짝 인터뷰

왓슨의 이중나선 구조 논문이 궁금해

기자 오늘은 2020년 유전자 가위에 관한 연구로 노벨 화학상을 받은 다우드나 박사님과 인터뷰를 진행합니다. 다우드나 박사님, 나와 주셔서 감사합니다.

다우드나 왓슨 박사님의 DNA 구조에 대한 내용이라고 해서 달려왔습니다.

기자 왓슨 박사님이 DNA가 이중나선 구조임을 알아낸 과학자이죠?

다우드나 DNA가 어떻게 생겼는지를 알아내는 것은 1950년경 핫 이슈였습니다. 많은 과학자가 이 문제에 뛰어들었죠.

기자 생물학자들만 뛰어든 것이 아닌가요?

다우드나 DNA 연구는 생물학의 분야입니다. 하지만 이것이 어떻게 생겼는지를 조사하는 데는 물리학적, 화학적인 연구도 필요했지요. 그래서 물리학자와 화학자들도 이 연구에 뛰어들었습니다. 왓슨의 공동 연구자이자 노벨 생리의학상을 공동 수상한 크릭은 물리학자였으니까요.

기자 왓슨과 크릭의 논문에는 어떤 내용이 담겨 있죠?

다우드나 두 사람의 논문은 반 페이지 정도로 짧은 내용입니다. DNA 가 이중나선 구조라는 내용만이 담겨 있지요.

기자 그렇게 짧은 논문도 노벨상을 받을 수 있나요?

다우드나 어떤 논문이 노벨상을 받느냐, 못 받느냐는 논문의 길이와는 상관없습니다.

기자 그렇군요.

다우드나 DNA의 구조가 어떤 모습인지 알아내기 위해서 윌킨스, 프랭클린, 왓슨, 크릭, 폴링 등의 유명한 과학자들이 뛰어들었습니다. DNA는 너무 작아서 눈으로 볼 수 없기 때문에 X선을 이용해서 그 구조를 조사해야 했지요. X선은 물리학자의 연구 분야이기 때문에 물리학자들이 이 문제에 먼저 뛰어들었어요. 그들은 X선의 회절을 이용해 DNA의 모습을 촬영하려고 했지요. 이러한 시도는 윌킨스가 처음 시도했고, 그 후 그의 제자인 프랭클린이 가장 선명한 DNA 사진을 얻었지요. 이 사진을 해석하는 과정에서 폴링은 DNA가 삼중나선 구조라는 잘못된 해석을 했고, 물리학자 크릭과 생물학자 왓슨은 프랭클린의 사진이 DNA가 이중나선 구조라는 것을 정확하게 보여준다는 것을 알아냈지요. 이를 통해 두 사람은 DNA의 그림을 그릴 수 있게 되었습니다.

기자 그렇군요.

DNA의 이중나선 구조 연구, 파장을 일으키다

기자   왓슨 박사의 DNA 이중나선 구조 연구는 어떤 변화를 가져왔나요?

다우드나 DNA가 유전자 정보를 가지고 있다는 사실로부터 유전자를 조작해 새로운 종을 만들거나 친자 확인을 위한 유전자 검사를 하는 등 유전자를 이용한 많은 연구가 진행되었습니다. 유전자를 이용한 공학인 유전공학이 탄생하기도 했지요.

기자   유전공학이란 뭔가요?

다우드나 유전공학은 인간의 삶을 질적, 양적으로 향상시킬 수 있는 첨단과학기술을 연구하는 학문입니다. 유전자 재조합 기술 등을 이용해 새로운 식품이나 약을 만드는 데 기여하지요.

기자   DNA의 구조를 알게 된 후 생명과학에 큰 발전이 있었군요.

다우드나 그렇습니다. 이제는 생명체가 가지고 있는 DNA를 가위로 절단할 수도 있지요. 이것을 유전자 가위라고 하는데, 제가 연구한 분야가 바로 이 분야입니다. 유전자 가위는 특정 표적 위치의 DNA를 정확하게 절단할 수 있지요. 그래서 유전자 편집 혹은 유전체 교정에 가장 핵심적인 역할을 담당합니다.

기자   그렇군요. 지금까지 왓슨 박사님의 DNA 이중나선 구조 논문에 대해 다우드나 박사님의 이야기를 들어보았습니다.

생물학, 의학의 발전을 이끌다

생물학 연구의 기원 _ 문명과 함께 시작

교수   이번 책은 DNA의 구조 발견으로 노벨 생리의학상을 받은 과학자들의 이야기야. 우선 생물학의 역사를 조금 다루어보려고 해.

생물양   생물학 연구는 누가 처음 시작했죠?

교수   초기 인류는 생존 가능성을 높이기 위해 식물과 동물에 대한 지식을 가지고 있었어. 여기에는 인간과 동물의 해부학에 대한 지식과 동물 행동의 측면이 포함되어 있지. 생물학적 지식의 첫 번째 주요 전환점은 약 10,000년 전 신석기 혁명과 함께 찾아왔어. 인류는 농사를 짓기 위해 식물을 길들였고, 그다음에는 정착 사회에 동반하기 위해 가축을 키웠어. 자연스럽게 동물과 식물에 관한 연구가 필요했지.

문명의 발생 원인에 대한 의견은 매우 많은데, 전통적으로는 기후나 지형 같은 환경적 영향으로 문명이 성장했다는 학설이 지배적이다. 문명의 발생에 대해 역사학자 아놀드 토인비는 인류에게 시련이 있었고 이에 대응할 방법을 인류가 창의력을 발휘해 찾아냄으로써 문명이 발전해나갔다고 주장했다.

생물학의 시작 역시 문명이 발생한 시점으로 보는 것이 좋다. 우리는 흔히 세계 4대 문명이라는 말을 사용한다. 세계 4대 문명이란 인류 문명의 원류를 중국, 인도, 이집트, 메소포타미아의 네 갈래로 구분할 수 있다는 것으로, 중국 청나라 말기 사상가인 량치차오(梁啓超)가 1900년 자신의 저서 『20세기 태평양가(二十世紀太平洋歌)』에서 언급한 이후 일본의 고고학자 에가미 나미오(江上波夫) 등이 이러한 구분을 사용하면서 주로 동양을 중심으로 확산한 개념이다. 반면, 서양에서는 4대 문명에 한정하지 않고 '고대 안데스(Ancient Andes) 문명' 등 세계 각지의 굵직한 문명 등을 포함해 다양한 문명을 언급한다.

세계의 4대 문명은 모두 큰 강 유역에서 발생했다. 나일강 주위에서는 이집트 문명이, 유프라테스강과 티그리스강 주위에서는 메소포타미아 문명이, 갠지스강 주위에서는 인도 문명(인더스 문명)이, 황허강 주위에서는 황허 문명이 발생했다.

이집트 문명은 기원전 3150년경, 나일강 계곡에 위치한 북동 아프리카에서 발생한 문명이다. 고대 이집트 문명은 최고의 전성기인 기원전 15세기에 나일강 삼각주에서 제벨 바르카(Gebel Barkal)까지

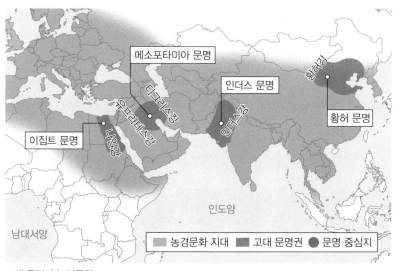

고대 문명과 농경문화

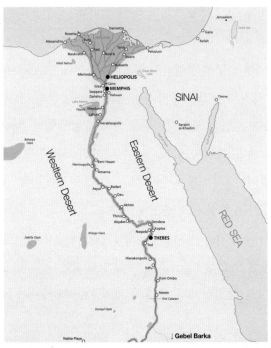

고대 이집트 문명 지도

세력을 뻗쳤다. 이집트 문명은 기원전 3150년부터 기원전 343년까지 3,000년 가까이 존재했으며, 마케도니아 알렉산더 대왕의 점령으로 그 막을 내리게 된다.

고대 이집트 사람들의 생물학 연구자료는 12개 이상의 파피루스에 기록되어 있다. 이 중 『Edwin Smith Papyrus』(현존하는 가장 오래된 외과 핸드북)와 『Ebers Papyrus』(다양한 질병에 대한 약물 준비 및 사용 핸드북)는 둘 다 기원전 1600년경에 쓰인 것으로 알려져 있다.

이집트 신화에 등장하는 장례의 신
아누비스가 미라를 만드는 모습

메소포타미아 문명을 종종 바빌로니아 문명이라고 하고 있지만 엄밀히 말하면 이는 틀린 말이다. 기원전 2000년경부터 기원전 600년경까지 메소포타미아 지역을 바빌로니아로 불렀기 때문에 이같이 부르기도 하는데, 우리는 메소포타미아 문명이라는 이름을 사용하려고 한다.

메소포타미아는 중동의 유프라테스강과 티그리스강 주변 지역(현재의 이라크)을 말한다. 메소포타미아는 두 강이 자연적으로 가져다주는 비옥한 토지로 인하여 기원전 약 6000년 구석기 시대에 인간이 정착, 주거를 시작한 이래, 점차 인류 고대 문명 발상지의 하나로 발전했다. 어원은 고대 그리스어 'Μεσοποταμια'에서 온 말로서 '메소(Μεσο)'는 중간, '포타(ποτα)'는 강, '미아(μια)'는 도시를 의미해

메소포타미아 문명 지역(기원전 2500~1500년)

'두 강 사이에 있는 도시'라는 뜻이 된다.

메소포타미아 문명은 개방적인 지리적 요건 때문에 외부와의 교섭이 빈번하여 정치·문화적 색채가 복잡했다. 폐쇄적인 이집트 문명과는 달리 두 강 유역은 항상 이민족의 침입이 잦았고, 국가의 흥망과 민족의 교체가 극심하였기 때문에 이 지역에 전개된 문화는 개방적이고 능동적이었다.

메소포타미아인들은 자연에는 거의 관심이 없었고, 신들이 우주를 어떻게 정리했는지 연구하는 것을 선호했다. 그들은 점을 치기 위해 동물의 행동을 연구했다. 고대 메소포타미아인들은 과학과 마법을

세상에서 가장 쉬운 과학 수업 DNA 구조

과학과 마법을 구분하지 않은 고대 메소포타미아인들은 사람이 병에 걸렸을 때 주술 공식과 의약 치료법을 모두 사용했다.

구분하지 않았다. 사람이 병에 걸렸을 때 의사는 주술 공식과 의약 치료법을 모두 사용했다.

고대 그리스의 생물학과 의학 _ 연구벌레 아리스토텔레스

교수　　고대 이집트와 고대 메소포타미아의 연구는 고대 그리스 사람들에게 전해져. 소크라테스 이전의 철학자들은 생명에 대해 많은 질문을 던졌지만 특히 생물학적 관심사에 대한 체계적 지식을 거의 갖지 못했어.

플라톤(그림 왼쪽)과 아리스토텔레스

고대 그리스의 철학자들 가운데 생물학을 처음 체계적으로 연구한 사람은 아리스토텔레스이다.

아리스토텔레스는 식물과 동물의 습성과 특성을 셀 수 없이 많이 관찰했으며, 이를 분류하는 연구를 했다. 아리스토텔레스는 540종의 동물을 분류하고 적어도 50종을 해부했다.

아리스토텔레스는 생물학의 기본이 되는 많은 책을 썼다. 동물의 신체 구조와 생활하는 모습을 담은 책 『동물의 역사』에서 동물이 어떻게 번식하고 어디에서 주로 사는지를 서술했다. 그리고 그 후속으로 『동물비교생리학』이라는 책을 썼는데, 이 책에서는 여러 동물을 해부한 그림과 동물의 생리 기능을

동물과 관련하여 수많은 책을 집필한 아리스토텔레스

세상에서 가장 쉬운 과학 수업 DNA 구조

다루었다. 그리고 『동물 운동론』이라
는 책에서는 동물이 어떻게 움직이는
지를, 그리고 『발달생물학』에서는 동
물이 어떻게 발달하고 성장하는지를
설명했다.

아리스토텔레스가 쓴 동물에 관한 책

아리스토텔레스는 고래가 포유류
라는 것을 처음 알아냈다. 그는 바다
에서 헤엄을 친다고 해서 모두 어류는
아니고, 날아다닌다고 해서 모두 조류

는 아니라는 것을 알아냈다. 예를 들어 박쥐는 날아다니지만 조류가
아니라 포유류이고 타조는 날지 못하지만 조류이다. 아리스토텔레스
는 고래가 알을 낳지 않는다는 사실로부터 고래가 어류가 아닌 포유
류라는 것을 알아냈다.

아리스토텔레스가 그린 코뿔소 그림

생물양   아리스토텔레스는 연구벌레였군요.

교수   맞아. 그에게는 연구와 강의가 낙이었지.

  아리스토텔레스의 후계자인 테오프라투스(Theophrastus, 기원
전 371~기원전 287)는 식물학에 관한 책인 『식물의 역사(Historia of
Plantarum)』를 저술했다. 이 책은 세계 최초의 식물학 교과서이다.

테오프라투스가 쓴 『식물의 역사』

  그 후 약학의 아버지라고 불리는 디오스코리데스(Pedanius
Dioscorides, 40~90)는 약에 대한 백과사전인 『De Materia Medica』를
저술하여 600종의 식물에 대한 설명과 의학에서의 용도를 다루었다.

세상에서 가장 쉬운 과학 수업 DNA 구조

약에 관한 백과사전인 『De Materia Medica』의 표지   『De Materia Medica』의 내지 일부

엠페도클레스와 히포크라테스 _ 4원소설과 의학의 상관관계

교수　고대 그리스의 엠페도클레스와 아리스토텔레스는 이 세상의 모든 사물이 불, 공기, 물, 흙의 네 가지 원소로 이루어져 있다고 주장했어. 이 이론을 '4원소설'이라고 불러.

생물양　사람도 네 가지 원소로 이루어졌다고 생각했나요?

교수　물론이야.

엠페도클레스

　고대 그리스의 엠페도클레스(Empedocles, 기원전 494(?)~기원전 444(?))는 사람의 뼈는 불, 물, 흙이 4 : 2 : 2의 비율로 이루

어져 있고 피와 살은 불, 공기, 물, 흙이 1 : 1 : 1 : 1의 비율로 이루어져 있는데, 이 비율이 달라지면 사람은 병에 걸린다고 생각했다.

이것이 시초가 되어 4원소설을 의학에 이용하려는 시도가 일어났는데, 처음으로 4원소설을 의학에 도입한 사람은 히포크라테스이다.

히포크라테스(Hippocrates, 기원전 460~기원전 370)

히포크라테스는 그리스 코스섬에서 태어나 각지를 두루 여행했으며 테살리아의 라리사에서 죽은 것으로 여겨진다. 그의 일생에 관해서는 자세히 알려지지 않았지만 그는 이상적인 의사로 여겨져왔다. 그는 모든 병은 자연적 원인에 의해 일어난다는 것을 의학 원리로 하여 과학적인 의학을 창시했다. 그는 의학에서만이 아니라 당시 그리스인들의 사고방식에도 널리 영향을 끼쳤다. 『히포크라테스 의학 집성』이라는 이름으로 전해지는, 이오니아 방언으로 기술된 논문집은 그의 이름을 따고는 있으나 거의 대부분이 다른 의사 및 철학자들의 저작으로 이루어졌다. 기원전 5세기에서 기원후 2세기의 것까지 포함되어 있고 내용과 형식이 다양하다. 그 가운데 히포크라테스 자신에 의해 저술된 것으로 생각되는 것은 고대 이오니아 산문으로 된 걸작으로서 대표적인 것은 『공기·물·흙에 관해서』, 『성스러운 병』 등이다.

의학의 아버지라고 일컫는 히포크라테스는 모든 병의 원인을 신과 관계가 없는 자연현상으로 보았다. 히포크라테스는 신체에는 네 가지 체액이 있어 이들이 균형과 조화를 잃게 되면 병에 걸린다고 생각했다. 히포크라테스가 생각한 네 가지 체액은 불의 성질을 가진 혈액, 물의 성질을 가진 점액, 흙의 성질을 가진 흑담즙, 공기의 성질을 가진 황담즙이었다.

이들 네 체액이 균형을 이루면 건강하고 그렇지 않으면 병에 걸리

히포크라테스는 모든 병의 원인을 신과 관계없는 자연현상으로 보았다.

는데, 만일 혈액에 이상이 있다면 불의 성질을 가진 약을 먹으면 균형을 다시 맞출 수 있다는 것이 히포크라테스의 생각이었다.

생물양 엠페도클레스의 생각과 비슷하군요.

교수 맞아. 하지만 히포크라테스는 체액이라는 개념을 처음 도입했지.

최초로 동물을 해부한 갈레노스 _ 검투사들을 치료하며 경험을 쌓다

교수 히포크라테스 이후 소아시아 출신의 고대 그리스 시대 마지막 의학자인 갈레노스가 등장해.

갈레노스(Aelius Galenus, 129~216)

갈레노스는 고대 로마의 페르가몬[1]에서 귀족 계급 건축가인 아엘리오스 니콘(Aelius Nicon)의 아들로 태어났다. 갈레노스는 13살이 되기 전에 세 권의 책을 저술한 것으로 알려져 있다. 아버지 니콘은 어린 아들에게 글과 학문을 비롯해서 달리기와 레슬링,

---

1) 현재 튀르키예의 베르가마

세상에서 가장 쉬운 과학 수업 DNA 구조

수영 등의 운동을 가르쳤다. 갈레노스의 집에는 도서관이 있었고 파피루스 두루마리로 된 많은 책이 있었다. 14살이 되었을 때 갈레노스는 철학 학교에 입학하여 라틴어, 수학, 과학, 철학 등의 과목을 공부했다.

페르가몬에는 목욕탕, 도서관, 극장, 휴게 치료실을 갖춘 아스클레피오스(Aesculapius, 『그리스 신화』에 등장하는 의학과 치료의 신) 신전이 있었다. 신전의 사제들은 몸이 아픈 사람들을 돌보는 치료사이기도 했다. 갈레노스가 16살이 되던 해에 아버지 니콘은 신전의 휴게실에서 잠을 자다가 아스클레피오스가 나타나 갈레노스에게 의학 공부를 시키라고 하는 꿈을 꾸었다. 니콘은 신의 계시라고 생각하여 아들이 신전에서 의술을 배울 수 있도록 했다.

당시의 의술은 약초를 달여 마시게 하거나 간단한 수술을 하는 수준이었고 점성술과 꿈을 이용한 주술적인 치료도 이루어지고 있었다. 당시에는 숨을 쉴 때 우주 생명의 기운을 들이마시면 병이 낫는다고 믿었다. 갈레노스가 신전의 공부를 마치고 19세가 되었을 때 아버지 니콘이 죽었다. 갈레노스는 상당한 재산을 상속받았지만 동시에 외로운 사람이 되었으므로 페르가몬을 떠나 여행길에 올랐다.

갈레노스는 남부 도시 스미르나[2]의 펠롭스 의학 학교에 한동안 머물며 약리학과 식물학을 배웠다. 그는 더 큰 배움을 얻고자 지중해를 건너 알렉산드리아로 향했다. 알렉산드리아는 기원전 331년경 알렉

---

2) 현재 튀르키예의 이즈마르

산드로스 대왕이 세운 도시로, 세계에서 가장 큰 도서관인 무세이온 (Mouseion, Musaeum)도 그곳에 있었다. 갈레노스는 그곳에서 처음으로 독수리들이 쪼아 먹어 앙상하게 뼈만 남은 인체의 골격을 관찰할 수 있었다. 그러나 인체의 해부는 금지되어 있었기 때문에 갈레노스는 소, 돼지, 원숭이 등의 동물을 해부하면서 연구했다.

갈레노스는 간에서 만들어진 혈액이 우심방으로 들어갔다가 폐로 들어가 거품 형태의 가벼운 물질로 변한다고 여겼다. 또한 공기와 섞여 폐로 들어온 우주 생명의 기운은 좌심실에서 혈액과 섞인 후 생명

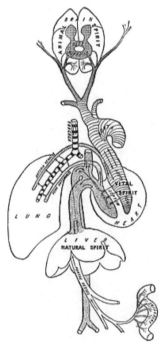

갈레노스의 해부도

세상에서 가장 쉬운 과학 수업 DNA 구조

갈레노스의 인체 해부도

기운이 되어 동맥을 타고 온몸으로 퍼진다고 생각했다. 그러나 혈액이 온몸을 순환하고 있다는 것에 대해서는 잘 몰랐다. 그는 혈액은 한 방향으로만 흘러 인체의 말단에서 사라진다고 보았으며, 심장의 우심실과 좌심실을 나누는 근육벽 사이에 혈액이 통하는 작은 구멍이 있다고 생각했다.

알렉산드리아에서 9년 정도 머물렀던 갈레노스는 페르가몬으로 돌아와 검투사 훈련소의 의사가 되었다. 로마 제국의 검투사들은 목숨을 걸고 싸워야 했고 사자, 표범, 곰, 코뿔소와 같은 동물과도 격투

갈레노스는 검투사 훈련소의 의사로 일했다.

고대 그리스와 로마의 외과용 의료 도구들

를 해야 했으므로 죽거나 다쳤다. 갈레노스는 4년 동안 장인들이 만든 의료 기구들을 이용하여 검투사들의 부러진 뼈를 맞추거나 피부와 근육을 꿰매는 수술을 하면서 많은 경험을 쌓을 수 있었다.

삼십 대 초반에 갈레노스는 유럽에서 가장 번창한 도시이자 황제의 궁이 있는 로마로 향했다. 그곳에서 그는 집정관의 아내를 비롯

세상에서 가장 쉬운 과학 수업 DNA 구조

한 유력 인사들의 병을 치료하면서 점차 유명해졌고, 로마의 16대 황제 마르쿠스 아우렐리우스(Marcus Aurelius)와 그의 아들 콤모두스(Commodus)의 주치의로 고용되었다. 그는 돼지나 원숭이 등을 해부하여 인체 내부를 연구하는 데 참고했다. 그는 해부를 통해 근육과 뼈의 조직, 심장의 구조, 정맥과 동맥의 차이를 관찰하고 뇌신경을 분류하여 기록으로 남겼다. 동물의 성대를 묶거나 척추를 자르거나 요도를 묶어 다양한 실험도 했다.

갈레노스는 약리학, 생리학, 해부학, 병리학 등의 의학서와 수필, 서간문까지 400권 이상의 책을 저술했다. 그의 많은 저서가 로마의 화재로 소실되었지만 약리학 30권, 생리학 17권, 치료학 16권, 해부학 9권, 병리학 6권, 수필과 편지 등이 후대에 남겨졌다. 『갈레노스

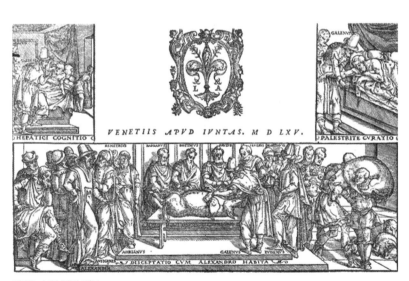

갈레노스의 돼지 해부

약전』이라 불리는 30권의 저서에는 약제의 제조와 투여량이 기록되었고, 1,500년 동안 약전의 표준으로 통했다. 그의 방대한 의학 체계는 중세 이후 근대까지도 유럽 의학을 지배하면서 커다란 영향을 끼쳤다.

갈레노스는 또한 히포크라테스의 4체액설에 세 개의 정기를 도입했다. 갈레노스가 도입한 세 개의 정기는 자연 정기, 생명 정기, 정신 정기였다. 그의 학설에 따르면, 간은 음식물을 소화 흡수시켜 혈액에 자연 정기를 주고, 혈액은 인체의 각 부분으로 흘러가 흡수되며 그중 일부는 폐로 흘러 들어간다. 혈액이 폐에서 공기를 만나면 생명 정기가 만들어져 이것이 몸 전체로 운반되고, 뇌로 흘러 들어간 생명 정기는 정신 정기로 바뀐다.

갈레노스는 '인간은 신이 창조하였으며, 소화에는 자연 정기가 작용하고, 호흡에는 생명 정기가 작용하며, 신경에는 동물 정기가 작용한다'라고 설명하였기 때문에 종교계는 그의 이론을 적극 지지하고 보호했다. 덕분에 그의 의학서들은 1,400년 동안 중세 유럽 의학의 교과서로 인정되었다.

갈레노스는 지식보다는 실험이 중요하다고 한 사람이었다. 그는 동물을 해부하면서 해부학을 연구하였는데, 특히 사람하고 제일 가까운 원숭이를 이용했다. 갈레노스는 근육과 뼈를 정확히 관찰했고 뇌신경을 구분해냈으며, 심장과 동맥, 정맥을 관찰했다.

갈레노스는 사람 몸 안에 존재하는 4가지 체액들의 양과 기능이 균형을 이루지 못하면 병이 난다고 주장했다. 또 사람이 먹은 음식은

세상에서 가장 쉬운 과학 수업 DNA 구조

위와 장을 거쳐 간에 도착하여 피로 바뀌고 정맥을 통해 온몸에 전달된 후 없어진다고 했다. 그리고 심장은 다른 두 가지 종류의 피를 따뜻하게 데우는 기관이라고 했다. 그래서 당시 의사들은 열이 적게 나면 심장을 데워주는 약을 주었고 열이 많이 나면 식히기 위해 피를 뽑는 치료를 했다.

또한 갈레노스는 심장 속의 판막을 처음 보았고 정맥과 동맥의 차이를 처음으로 알아냈다. 그는 인간의 병을 고치기 위해 최초로 인간을 해부한 것으로 알려져 있다.

생물양 네 개의 체액과 세 개의 정기. 신기한 이론이군요.
교수 이러한 생각들이 생물학과 의학의 발전을 이끌게 되지.

의학의 3대 지존 아비센나 _ 애주가이자 떠돌이 이븐 시나

교수 이번에는 아랍 최초의 의학자 아비센나의 이야기를 해보자.

아비센나의 본명은 이븐 시나(Ibn Sina)로, 아비센나는 유럽 사람들이 그를 부르던 호칭이었다. 그는 히포크라테스, 갈레노스와 함께 '의학의 3대 지존'으로 불린다. 그는 애주가에다 떠돌이였지만 아랍의 학술을 발전시킨 위인이자 현실과 미래에 대한 호기심과 풍부한 상상력을 지닌 학자였다. 아비센나는 이슬람의 의사이며 철학자로서

만수르 국왕의 주치의가 된 아비센나(Avicenna, 980~1037)

아리스토텔레스 학문의 대가였으며, 중세 유럽의 의학과 철학에 큰 영향을 미쳤다.

아비센나는 980년 페르시아의 부하라 인근에서 태어났다. 기억력이 매우 뛰어났던 그는 열 살에 코란을 줄줄 외웠으며, 열두 살 때는 법률에 대해 다른 사람들과 얘기할 수 있을 정도였다. 열일곱 살이 되었을 때는 철학, 자연과학, 시, 수학, 법학, 의학에 모두 통달했다.

바그다드로 의학을 공부하러 떠났던 아비센나는 '의사는 환자를 세밀하게 관찰해야 한다'는 히포크라테스의 사상에 깊이 감동했다. 그는 사만(Saman)왕국의 만수르(Mansour) 국왕의 병을 고쳐준 것을 계기로 국왕의 주치의가 되었다.

사만 왕조가 멸망한 후 23세의 아비센나는 중앙아시아 지역의 여러 나라를 여행했다. 그는 카스피해 부근 다이라만에 위치한 페르시아의 한 작은 나라 왕에게 몸을 의탁하려 했지만 그가 도착했을 때 왕

세상에서 가장 쉬운 과학 수업 DNA 구조

은 이미 폐위된 후였다. 이때부터 그를 기다리고 있는 건 고난과 시련의 나날이었다. 심지어 감옥에 갇힌 적도 있었다. 지인의 도움으로 겨우 살 곳을 마련한 그는 논리학, 천문학 강의를 하며 집필 활동에 열중했다. 이 시기 그는 후세에 큰 영향을 끼친 의학 교과서『의학정전』을 집필했다.

『의학정전』에는 질병의 증상과 약학에 관한 내용이 들어 있다. 그는『의학정전』의 서문에서 다음과 같이 썼다.

의학은 과학의 한 영역으로, 인류에게 건강 관련 지식을 알려주는 학문이다. 건강할 때 건강을 지키고 건강을 잃었을 때 이를 다시 회복하도록 도와주는 역할을 한다.

– 아비센나

후세에 큰 영향을 끼친 의학 교과서『의학정전』

『의학정전』은 총 5권으로 이루어져 있다. 제1권은 총론으로 의학의 정의, 기본 학설, 진맥, 질병 관찰 및 분류, 소변검사법, 보건위생, 장세척, 사혈요법, 소작법 등 일반적인 내용이 실려 있다. 제2권은 각종 약재를 소개하고 있으며, 제3권은 신체 부위에 따라 질병의 원인, 증상, 치료에 관한 내용으로 구성되어 있다. 제4권은 발열, 유행병, 외과, 골절, 탈구 등 전신에 나타나는 증상을 기록하고 있으며, 제5권은 처방전과 약의 조제법이 나와 있다.

『의학정전』에는 히포크라테스와 갈레노스의 의학 내용도 들어 있다. 아비센나는 중국과 인도 의학도 참고했다. 그는 질병이나 사망의 최대 원인을 감염성 질병으로 규정했다. 아비센나는 페스트, 천연두, 홍역 등의 질병이 모두 눈에 보이지 않는 병원체가 일으킨다고 생각했다. 그는 물과 토양이 질병을 일으키는 물질의 매개체가 되며, 이러한 병원체는 토양과 식수를 통해 전염되므로 '소독'의 중요성을 강조했다. 그는 십이지장충이 장내 질병을 일으킨다는 사실을 밝혀냈을 뿐만 아니라 이를 정확하게 진단해내는 방법도 알아냈다.

아비센나의 진단은 주로 진맥에 의존했다. 그는 진맥 부위를 48개로 구분했는데, 이 가운데 35개는 중국 서진(西晉)의 학자 왕숙화(王叔和)가 지은 『맥경(脈經)』에 소개된 내용과 매우 유사하다.

중국 서진의 학자 왕숙화가 지은 『맥경』

세상에서 가장 쉬운 과학 수업 DNA 구조

『의학정전』은 12세기에 이탈리아 크레모나 지역에 거주하는 제럴드(Gerald)라는 학자에 의해 처음 라틴어로 번역되었다. 15세기 후반에 『의학정전』은 30여 년 동안 무려 16차례나 출판되었다. 이 가운데는 히브리어 번역본도 있으며 후에는 영어 번역본으로 출판되기도 했다. 12세기에서 17세기에 이르는 600여 년 동안 유럽의 수많은 대학에서 『의학정전』을 교과서로 채택했다. 이 책은 히포크라테스와 갈레노스의 의학 저술과 이론을 종합하여 정리했으며 아리스토텔레스의 생리학 관련 저서도 참고했다.

『의학정전』이 완성된 후 얼마 지나지 않아 아비센나는 하마단으로 들어왔다. 당시 국왕의 복통을 고쳐준 인연으로 대신에 임명되었으나 자유분방한 성격 때문에 조정의 다른 대신들의 미움을 사서 도망쳐 은거했다. 후에 복통이 재발한 국왕이 그를 불러들였으며 다시 대신에 임명되었다. 그로부터 수개월 후 하마단과 에스파한 왕국 사이에 전쟁이 발생했다. 하마단의 왕자는 아비센나를 성에 가두었는데, 후에 에스파한이 하마단성을 점령한 후 그를 풀어주었다. 평소 의술이 뛰어난 아비센나를 존경했던 에스파한의 왕자는 그에게 자신의 주치의가 되어달라고 부탁했으며, 철학과 문학 고문의 자리도 맡겼다. 이로 인해 아비센나는 10년 동안 비교적 안정적인 생활을 할 수 있었다. 그의 대부분의 저서도 이 시기에 완성되었다. 1037년 57세로 세상을 떠나기 전까지 그는 이곳에서 생활했으며, 술 중독과 일 중독으로 사망했다. 죽기 3일 전에 그는 자신의 모든 재산을 가난한 사람들에게 나눠주었다.

아비센나의 사혈치료 강의 장면

생물양 아비센나의 이론과 갈레노스의 이론은 어떤 관계가 있죠?

교수   아비센나가 쓴 『의학정전』은 체액설에 바탕을 두고 해석하였던 갈레노스와 히포크라테스의 의학 지식을 집대성한 책이야.

아비센나의 저서는 백여 종에 달하며, 수학, 법학, 철학, 의학, 화학, 물리학, 천문학, 지질학, 음악, 문학, 언어학 등을 총망라하고 있다. 그러나 애석하게도 대부분 유실되었으며 그 가운데는 의학과 관련된 16종의 저서도 포함되어 있다. 특히 시를 잘 썼던 그는 8종의 의학 서적을 시로 썼다.

세상에서 가장 쉬운 과학 수업 DNA 구조

중세 유럽 최초의 의학자 파라셀수스 _ 4원소설을 의학에 응용

교수   16세기 초에 들어서 유럽의 연금술사들은 다시 4원소설을 의학에 이용하기 시작했어. 그 선구적인 의학자는 파라셀수스이지.

파라셀수스(Paracelsus, 1493~1541)

파라셀수스의 이름은 원래 폰 호헨하임이지만 자신이 1세기에 활동했던 로마 최고의 의학자인 셀수스를 능가한다는 뜻에서 이름을 파라셀수스라고 불렀다. 스위스 출신의 파라셀수스는 연금술, 광산학, 점성술을 공부했는데, 바젤에서 의사 생활을 하면서 4원소설을 의학에 응용하여 의화학이라는 새로운 분야를 개척했다. 당시의 의사들은 히포크라테스와 갈레노스의 체액설을 이용하고 있었는데, 비위생적이며 무모한 처방이 오히려 사람들의 평균수명을 단축시켰고 당시 유럽을 휩쓸던 감염성 질병에 전혀 효과가 없었다. 그는 4원소설 이론에 따라 특정한 질병에는 특정한 성분의 약이 처방되어야 한다는 합리적인 생각을 하고 있었다.

4원소설을 의학에 응용하여 의화학이라는 새로운 분야를 개척한 파라셀수스

파라셀수스는 소화가 4원소설의 한 작용이며 모든 물질의 조성이 황과 수은과 소금의 세 원소로 이루어져 있다고 생각했다. 그는 소금과 같은 금속염들을 의학에 사용해야 한다고 주장했는데, 그가 쓴 『안티몬의 승리의 전차』라는 책에는 안티몬 염을 만드는 방법과 의학에서의 이용 방법에 대해 명확한 설명이 들어 있다.

　　　　　　　　　　　세상에서 가장 쉬운 과학 수업 DNA 구조

피의 순환을 밝혀낸 하비 _ 살아 있는 동물을 관찰하다

교수   이번에는 피가 온몸을 돈다는 사실을 알아낸 영국의 의학자 하비의 이야기를 해볼게.

윌리엄 하비(William Harvey, 1578~1657, 영국)

하비는 1578년 영국 포크스톤에서 부유한 집의 맏아들로 태어났다. 1588년 킹스 스쿨에 입학하여 라틴어와 그리스어를 배웠고 졸업 후에는 케임브리지 대학에 입학하여 의학을 공부했다. 당시 케임브리지 대학은 의학을 공부하고 싶은 학생들에게 인기가 좋은 대학이었다. 그곳에서 하비는 학생들이 제일 받고 싶어 했던 파커 장학금을 받고 다녔다. 이 장학금 덕에 하비는 계속 의학 공부를 할 수 있었다.

케임브리지 대학 졸업 후 하비는 조금 더 의학 공부를 하고 싶어서 이탈리아 파도바 대학에 입학했다. 당시 파도바 대학은 유럽 최초의 실내 해부학 강의실이 있었고 일반인들도 해부 장면을 볼 수 있게 개방된 곳이었다. 하비는 이 대학에서 해부학으로 유명한 파브리치우스에게 훌륭한 가르침을 받을 수 있었다. 1602년 그는 의학 박사 학위를 받고 다시 런던으로 건너갔다. 그 후 남은 인생의 대부분을 보내게 되는 런던 세인트바솔로뮤 병원에 근무한다. 그 후에도 1607년 왕립 의사 학회 회원으로 선출되고, 1609년에는 세인트바솔로뮤 병원의 내과 의사로 임명되었다. 1615년 학회에서 해부학과 외과 강사로 임명되며 1616년에 하비는 심장과 혈액에 관한 자신의 개념과 발견을 설명하는 일련의 강의를 시작했다. 1623년 제임스 1세, 1627년 찰스 1세의 주치의가 되었고, 1628년에 이르러서는 그의 저서로 가장 유명한 『동물의 심장과 혈액의 운동에 관한 해부

하비의 저서인 『동물의 심장과 혈액의 운동에 관한 해부학적 연구』

학적 연구(Exercitatio Anatomica de Motu Cordis et Sanguinis in Animalibus)』를 집필했고, 1651년『동물발생론(Exercitationes de Generatione Animalium)』을 집필했다. 1654년 하비는 왕립 의과대학 총장으로 선출되지만, 76살이었던 그는 그 직책을 수행하기에 너무 늙었다고 판단하여 사양했다. 그리고 6년 뒤인 1657년 6월 3일 하비는 런던에서 생을 마감했다.

생물양 하비는 어떻게 피가 온몸을 돈다는 것을 알아냈죠?

교수 하비가 해부학을 연구하던 때에 모든 의학자는 갈레노스의 생각을 믿고 있었어. 하비는 갈레노스의 생각에 궁금한 것이 많았어. 갈레노스의 생각대로 피와 심장을 생각한다면 이해되지 않는 것들이 많았거든. 그래서 죽은 동물을 해부해서 관찰한 갈레노스와는 달리 그는 살아 있는 동물들을 관찰하기로 했지.

하비는 주변에서 쉽게 볼 수 있는 개, 돼지, 염소 등을 관찰했고 새우나 태어나지 않은 병아리도 해부했다. 그리고 곤충 같은 작은 동물들도 관찰했는데, 모든 동물은 사람과 같이 심장을 가지고 있다는 것을 알게 되었다. 그리고 심장이 움츠리면서 피를 내보내는 것을 보았고 이것 때문에 맥박이 뛴다는 것도 알게 되었다.

하비는 음식이 피로 변하는 건지 알아보기 위해 실험을 했고, 먹은 음식보다 심장에서 나가는 피가 훨씬 많다는 사실을 발견했다. 그래서 이렇게 많은 피를 만들기 위해서는 아주 많은 양의 음식을 먹어야

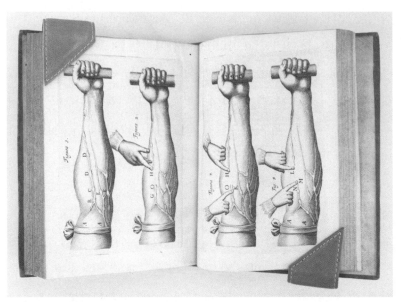

하비는 피가 온몸을 돈다는 것을 알아냈다.

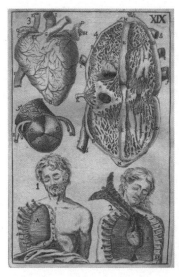

하비는 심장이 움츠리면서 피를 내보내고 이로 인해
맥박이 뛴다는 것을 알았다.

세상에서 가장 쉬운 과학 수업 DNA 구조

하고 많은 양의 음식을 먹었다 하더라도 그것을 다 사용하기에는 힘들다는 생각을 했다. 결국 그는 피는 온몸을 돌아야 한다고 생각했다.

피가 온몸을 돈다는 사실을 발표한 이후 하비를 비판하는 사람들이 많았다. 그것은 사람들이 많이 믿고 있는 갈레노스의 이론과 하비의 이론이 달랐기 때문이었다. 유럽 최고의 의학 교수였던 호프만도 하비의 생각을 믿어주지 않았고 리올랑은 하비의 생각은 틀렸다고 주장하는 책을 냈다. 하지만 하비의 이론을 믿고 지지해주는 사람들도 있었다. 그들은 주로 젊은 의학자였는데, 그중 발레우스는 살아 있는 개로 실험하여 하비의 이론을 증명해주었다.

하비는 자신의 생각을 비판하는 사람들에게 왜 자신이 맞는지 실험을 통해 증명했다. 하비는 실험만큼 확실한 것도 없다고 믿었다. 이로 인해 점점 하비의 생각을 믿는 사람들이 늘어났고 하비의 생각을 증명해주는 실험들도 곳곳에서 시행되었다.

영국의 왕이었던 찰스 1세는 예술 작품을 수집하기 좋아하고 과학자들을 후원해주는 왕이었다. 찰스 1세는 하비를 훌륭한 해부학자로 인정해주어서 하비는 찰스 1세 옆에서 보좌관 역할을 했다. 하비는 보좌관 생활을 하면서 사냥 행사에 참가하여 사냥된 동물을 해부할 수 있는 기회가 많았다. 그러던 중 1639년 왕의 최고 주치의가 세상을 떠나자 하비가 최고 주치의가 되었다.

그러나 찰스 1세는 의회와 사이가 좋지 않았다. 찰스 1세의 종교는 가톨릭인 데 반해 의회는 신교도가 중심이었기 때문이었다. 결국 왕을 따르는 파와 의회를 따르는 파가 나뉘어 내전이 일어났다. 하비는

찰스 1세와 의회파의 대결에서 의회파가 승리하고 크롬웰이 권력을 잡게 되었다.

의회의 명령을 무시하고 왕을 보좌하는 역할을 했다. 하지만 1646년 왕을 따르는 파가 전쟁에 지면서 찰스 1세는 1649년 처형당했다. 그 후 신교도 지도자인 크롬웰이 정치를 하면서 왕을 따르는 파에게 엄청난 벌금을 물리는 등 아주 못살게 굴었다. 하비는 전쟁을 치르는 동안 논문도 빼앗기고 전쟁 후에는 엄청난 벌금도 내야 했다. 그래도 하비는 연구하는 것을 멈추지 않았다.

비록 전쟁 때문에 그동안 쓴 글들이 사라지고 숙소도 빼앗겼지만 하비는 꾸준히 실험과 연구를 하며 여러 과학자와 친분을 쌓았다. 그리고 피가 온몸을 돈다는 것을 믿어주는 사람들이 점점 많이 늘어나

세상에서 가장 쉬운 과학 수업 DNA 구조

면서 하비는 훌륭한 과학자로 대우받게 되었다.

많은 사람이 하비가 의사회 회장이 되길 원했지만 그는 어느덧 일흔 중반을 넘긴 노인이 되었고 건강도 많이 나빠져 회장직을 거절했다. 대신 1651년 의학자들이 좋은 연구를 할 수 있게 도서관과 박물관을 세워달라고 왕립 의사회에 재산을 기부했다. 1654년 도서관과 박물관이 세워졌고 그를 기념하기 위한 동상도 세워졌다.

하비는 형제들과 함께 말년을 보냈다. 말년에도 계속 과학자들과 편지를 주고받았다. 그는 평소에 좋아했던 물품들을 조카와 하인들에게 나누어주었고 외과 장비와 가운을 친구이자 후계자인 스카보르에게 물려주었다. 그리고 그의 책, 논문들도 왕립 의사회에 기증했다.

훅, 세포를 발견하다 _ 현미경으로 관찰한 코르크

교수　　모든 생명체는 세포로 이루어져 있어. 세포는 생명체의 기본단위이지.

생물양　　세포는 누가 처음 발견했죠?

교수　　물리학자인 로버트 훅이 1665년에 발견했어.

로버트 훅(Robert Hooke,1635~1703, 영국)

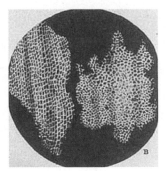

훅의 현미경 　　　　　　　　훅이 발견한 세포

　훅은 손수 만든 현미경으로 코르크의 얇은 조각을 관찰하던 중에 코르크가 벌집처럼 여러 개의 작은 방으로 나뉘어 있다는 것을 발견했다. 그는 이 방 하나하나를 세포라고 불렀다.

　훅은 1665년 현미경으로 본 세포의 모습을 자신의 책 『Micrographia』에 실었다.[3]

　훅은 식물세포를 둘러싼 벽을 발견하고 그 벽의 이름을 세포벽이라고 불렀다. 그 후 동물세포를 관찰한 많은 생물학자가 동물세포에서도 세포벽을 찾으려고 했지만 실패했다. 결국 동물세포는 세포벽을 가지고 있지 않다고 결론을 내리게 되었다.

　1838년과 1839년에는 친구 사이인 두 생물학자 슐라이덴과 슈반이 동식물의 조직이 세포로 이루어져 있다는 것을 발견했다. 1838년에 슐라이덴이 식물조직이 세포로 이루어져 있다는 것을 알아냈고 이듬해 슈반이 동물조직도 세포로 이루어져 있다는 걸 밝혀냈다.

---

3) Robert Hooke, Micrographia, 『The Royal Society』, 1665.

　　　　　　세상에서 가장 쉬운 과학 수업 DNA 구조

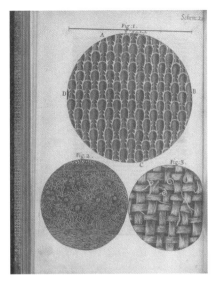

『Micrographia』에 있는 세포 그림

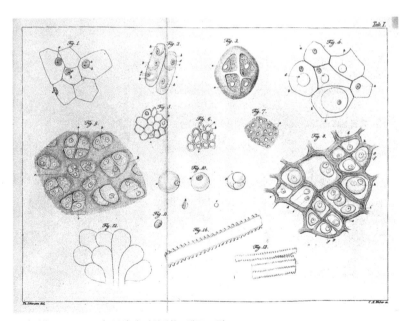

슈반의 『Mikroskopie』(1839)에 나와 있는 세포 그림

세포핵을 발견한 레이우엔훅 _ 작은 생물을 '미생물'이라 명명

교수 이제 세포 속에 있는 소기관들의 발견에 관해 이야기할게. 먼저 세포핵 발견 이야기를 해보면, 세포핵은 세포의 모든 활동을 조절하는 세포 내 기관이야. 이곳에 유전물질인 DNA가 들어 있지. 로버트 훅이 세포를 발견하기 전에 세포핵이 먼저 관찰되었어. 세포핵을 처음 관찰한 사람은 레이우엔훅이야.

안톤 판 레이우엔훅
(Antonie Philips van Leeuwenhoek, 1632~1723)

레이우엔훅은 1632년 네덜란드의 델프트에서 태어났다. 바구니 제작자인 그의 아버지는 레이우엔훅이 다섯 살 때 사망했다. 부유한 양조업자의 딸인 그의 어머니는 화가와 재혼했지만 레이우엔훅이 열 살 때 새 아버지도 사망했다.

레이우엔훅은 16세에 암스테르담의 리넨 드레이퍼 가게에서 회계사의 견습생이 되었다. 1654년 델프트로 돌아온 레이우엔훅은 옷가

세상에서 가장 쉬운 과학 수업 DNA 구조

게를 운영하며 틈틈이 현미경을 이용한 관찰을 즐겼다.

1674년에 레이우엔훅은 호수에서 떠 온 물에 녹색 구름 같은 물질이 덮여 있는 것을 보고 현미경으로 이 물을 조사했다. 물속에는 여러 가지 모양으로 생긴 작은 생물들이 빠르게 움직이고 있었다. 이 생물들은 녹색인 것도 있고, 투명한 것도 있는 등 색깔도 여러 가지였다. 모양 역시 둥근 것도 있고 달걀 모양도 있는 등 여러 모양이었다. 그리고 어떤 생물은 다리도 가지고 있고, 작은 털도 있었다. 레이우엔훅은 작은 생물이라는 뜻으로 이 생물을 '미생물'이라 이름 붙였다.

1719년 레이우엔훅은 연어의 적혈구에서 적혈구 세포의 세포핵을 관찰하는 데 성공했다. 하지만 그는 세포라는 개념을 도입하지는 않았다. 그래서 세포의 발견자는 로버트 훅이 되었다.

1719년 레이우엔훅이 그린 연어 적혈구의 핵

세포핵은 1831년 브라운 운동으로 유명한 스코틀랜드 식물학자 로버트 브라운에 의해 더 자세히 관찰되었다. 브라운은 현미경으로 난초를 연구하던 중 꽃 바깥층의 세포에서 불투명한 동그란 부분인 세포핵을 관찰했다.

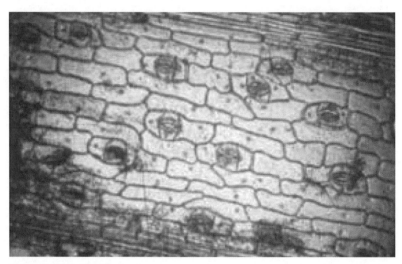

브라운이 발견한 세포핵

　세포핵은 주로 공 모양이지만 거대한 끈 모양 등 여러 가지 모양을 가진다. 세포핵의 크기도 작은 것은 물곰팡이의 세포핵처럼 지름 1마이크로미터 크기에서부터 소철에서 볼 수 있는 난세포의 핵과 같이 지름이 60마이크로미터인 것까지 있다.

종두법을 발견한 제너 _ "우두에 걸린 사람은 천연두에 걸리지 않는다"

교수　이번에는 종두법을 발견한 제너에 대해 이야기할게.

에드워드 제너(Edward Jenner, 1749~1823, 영국)

　제너는 1749년 영국의 버클리에서 태어났다. 그의 아버지는 버클리의 목사였다. 그는 Katherine Lady Berkeley's School을 다녔고 어려서부터 자연을 좋아하고 특히 생물을 관찰하는 것을 좋아했다. 14세에 그는 Chipping Sodbury의 외과 의사인 루드로(Daniel Ludlow)의 견습생으로 7년 동안 일했으며, 그곳에서 외과 의사가 되는 데 필요한 대부분의 경험을 얻었다.

　1770년 21세의 제너는 런던의 성 조지 병원(St George's Hospital)에서 외과 의사 헌터(John Hunter)의 견습생이 되어 수술과 해부학을 배웠다. 그 후 1773년에 고향 시골로 돌아온 제너는 외과 병원을 개업했다.

제너가 태어나기 전부터 천연두는 수많은 사람의 목숨을 빼앗아가는 아주 무시무시한 질병이었다. 천연두에 걸리면 온몸이 불덩어리가 되고 여기저기 고름이 생기는데, 한 번 천연두에 걸리면 다섯 명중 한 명이 죽거나 설령 살아남는다 해도 곰보로 평생을 살아가야 했다. 18세기의 유럽에서는 100년 동안 천연두로 6,000만 명이나 사망했고 유명한 프랑스의 왕 루이 15세도 이 병으로 죽었다. 그만큼 당시 천연두는 사람들을 공포로 몰아넣었다.

당시 사람들은 한 번 천연두에 걸렸던 사람은 다시는 걸리지 않는다고 믿었다. 그래서 천연두에 걸린 사람의 고름을 건강한 사람의 피부나 콧구멍에 넣는 일이 많았다. 그런데 이 방법은 그리 좋은 방법이 아니었다. 천연두의 고름을 바른 사람이 천연두에 걸리거나 다른 사람들에게 천연두를 전염시키는 일들이 발생했기 때문이었다.

무시무시한 천연두를 막는 방법은 사실 아주 오래전부터 연구되었다. 10세기 후반에 중국의 왕단은 자기 아들이 천연두로 죽자 많은 상금을 내걸고 천연두의 치료법을 찾았는데 한 선인이 와서 그 치료법을 알려주었다. 그가 알려준 방법이 바로 천연두에 걸렸지만 죽지 않았거나 가볍게 천연두를 앓고 있는 사람의 고름을 모아 병에 한 달간 보관한 다음 이를 가루로 만들어 환자의 콧속에 넣는 방법이었다. 이 방법은 앞에서 얘기한 것처럼 부작용이 많았다. 하지만 이 방법은 인도를 거쳐 터키에 전파되었는데, 터키 사람들은 이 방법을 '인두법'이라고 불렀다. 그 당시로써는 인두법 외의 다른 방법이 없었기 때문에 천연두에 걸린 환자는 대체로 인두법으로 치료를 받았다.

1716년 터키에 살고 있던 영국 대사 몬터규는 인두법을 천연두에 걸린 자신의 아이들에게 사용하여 아무 탈 없이 천연두를 피하게 할 수 있었다. 이 일로 인두법은 영국 왕실이 인정하는 천연두 예방법이 되었다.

비록 인두법이 천연두로 죽는 사람을 10분의 1 정도로 줄이는 역할을 했지만 이 방법으로는 오히려 천연두가 사람을 통해 더 많은 사람에게 퍼지는 문제가 발생했다. 그러므로 완전하게 천연두를 치료하고 천연두가 퍼지는 것도 막을 수 있는 새로운 치료법이 필요했다.

의사가 된 제너는 좀 더 확실하게 천연두를 막을 방법이 없을까 고민했다. 그러던 중 1776년 어느 날 농장에서 우유를 짜는 여자가 병원에 진찰을 받으러 왔다. 그는 그녀와 천연두에 관한 이야기를 하다가 그녀로부터 소젖을 짜는 여자들은 천연두에 걸리지 않는다는 얘기를 듣게 되었다. 소젖을 짜는 여자들을 유심히 살펴본 결과, 그는 그들에게는 천연두로 생긴 곰보가 없다는 것을 알게 되었다.

제너는 왜 소젖을 짜는 사람들이 천연두에 잘 걸리지 않는지 궁금했다. 그러고는 매일 소를 상대하는 이들이 우두(천연두와 비슷한 소의 피부병)에 걸리기 때문이라는 것을 알게 되었다. 이들이 소 때문에 우두에 걸리긴 하지만 사람이 우두에 걸리면 가벼운 증상만 보이다가 금방 회복하게 되고 더 이상 우두나 천연두에 걸리지 않는다는 것을 알게 되었다. 그래서 제너는 다음 가설을 세웠다.

우두에 걸린 사람은 천연두에 걸리지 않는다.

하지만 제너는 자신의 가설이 틀릴지도 모른다는 생각 때문에 이 가설을 실험하지 못했다. 그렇게 세월이 흘러 1796년이 되었다. 제너는 그때까지도 우두가 천연두를 막아줄 것이라는 믿음을 버리지 않았다. 제너는 더 이상 미룰 수 없어 스승인 존 헌터 박사에게 고민을 털어놓았다. 존 헌터 박사는 "자네는 왜 생각을 실험으로 옮기지 않는가?"라고 나무랐다. 박사의 말에 용기를 내어 제너는 이 가설을 실험해보기로 했다. 그의 첫 번째 실험 대상은 62세의 존 필립이라는, 허드렛일을 하며 살아가는 노인이었다. 그는 아홉 살 때 우두에 걸린 적이 있었다. 제너는 천연두 환자의 상처에서 뽑아낸 고름을 노인에 팔에 주사했다. 노인은 어깨가 조금 아프다는 얘기만 할 뿐 천연두의 증세를 나타내지 않았다.

우두에 걸린 환자를 대상으로 실험하는 제너

세상에서 가장 쉬운 과학 수업 DNA 구조

제너는 이번에는 우두에 걸린 적이 없는 사람에게 우두를 접종한 뒤 천연두를 접종하는 실험을 해보기로 했다. 이 실험은 1796년 5월에 이루어졌는데, 제너는 우두에 걸린 사라 넬무즈의 손에 난 수포에서 고름을 뽑아내 8살 소년인 제임스 핍스에게 접종했다. 제너는 소년의 팔에 작은 상처를 두 개 내고 그 상처에 넬무즈에게서 채취한 고름을 조금씩 묻혔다. 핍스는 가벼운 우두에 걸려 1주일 동안 열이 조금 나더니 곧 나았다. 바로 우두가 천연두를 막을 수 있는 면역 역할을 한다는 것을 발견한 것이다. 제너는 우두가 천연두와 비슷하기 때문에 우두를 '소의 천연두'라고 불렀다.

하지만 핍스 소년의 경우는 예외적인 것일 수도 있기 때문에 제너는 다시 한번 실험을 하기로 했다. 2년 후 제너는 한 고아원에서 우두를 접종한 다섯 명의 아이에게 천연두를 접종해보았다. 물론 아이들 모두 천연두의 증상이 나타나지 않았다. 그제야 제너는 우두의 접종이 천연두를 예방한다는 확신을 얻게 되었다. 즉 천연두를 예방하는 방법

우두에 걸린 적이 없는 소년을
대상으로 실험하는 제너

은 바로 우두를 접종하는 것인데, 이것을 종두법이라고 부른다.

제너는 우두 접종이 천연두를 예방할 수 있다는 실험 결과를 왕립학회에 논문으로 제출했다. 하지만 학회는 사람의 병이 소의 병과 관련 있다는 것은 말도 안 된다고 하며 그의 논문을 인정해주지 않았다. 사람의 피 속에 동물이 가지고 있는 물질을 주입한다는 것은 구역질 날 정도로 더러울 뿐 아니라 신에 대한 도전이라는 이유에서였다. 심지어 동료 의사들조차도 우두를 통한 천연두 예방법에 반대했다.

제너의 논문

상황은 그 정도로만 끝난 것은 아니었다. 사람들 사이에서는 우두를 맞으면 머리에 소뿔이 나는 등 사람이 소로 변한다는 말도 안 되는 소문도 돌기 시작했다. 제너는 비록 우두가 소로부터 채집된 것이라지만 사람의 병을 고치는 데 사용될 수 있다면 사용해야 한다는 생각

세상에서 가장 쉬운 과학 수업 DNA 구조

제너의 우두 접종법은 더러울 뿐 아니라 신에 대한 도전이라는 비판을 받았다.

을 굽히지 않았다.

　제너는 천연두를 막을 수 있는 이 방법을 많은 사람에게 알려야 한다는 생각에 자비로 논문을 출판하기로 결심했다. 그리고 돈이 없는 사람들에게 무료로 하루에 300회 정도 우두를 접종해주었다. 이러한 노력으로 천연두로 고생하는 사람들은 점점 줄어들게 되었다. 인류는 제너의 조그마한 노력 덕분에 천연두의 공포로부터 완전하게 벗어날 수 있게 되었다.

생물양　제너가 예방의학의 창시자이군요.
교수　맞아. 제너의 우두가 바로 최초의 백신(Vaccin)이야.
생물양　그렇네요.

제너의 노력으로 사람들은 천연두에 공포에서 벗어날 수 있었다.

미생물의 아버지 파스퇴르 _ "질병을 일으키는 것도 미생물"

교수　이번에는 미생물의 아버지 파스퇴르에 관한 이야기를 해볼게.

루이 파스퇴르(Louis Pasteur, 1822~1895, 프랑스)

　　파스퇴르는 1822년 프랑스 돌 (Dole)에서 태어났다. 파스퇴르의 집 안은 증조할아버지 때부터 동물의 생 가죽을 사람이 쓸 만한 가죽으로 만드 는 무두질을 했고 그의 아버지도 무두 장으로 일했지만 파스퇴르가 무두장 이가 되는 것을 원치 않았다. 그래서 파스퇴르는 1827년 새로 이사 온 아르

브와에서 학교를 다녔다. 그는 어린 시절에 평범한 학생이었고 학업에는 관심이 없는 대신 낚시와 그림 그리기에 관심이 있었다. 그는 부모, 친구, 이웃의 초상화를 그렸다.

파스퇴르가 그린 그의 아버지 초상화

1839년 파스퇴르는 철학을 공부하기 위해 브장송에 있는 콜레주 루아얄에 입학했고 1840년에 문학 학사 학위를 받았다. 1843년 파스퇴르는 에콜 노말 슈페리에에 입학했다. 에콜 노말에서 그는 화학과 물리를 공부하고 실험하는 것을 가장 좋아했다. 그래서 물리 교사 자격증을 받았지만 선생님을 하고 싶은 생각이 없었다. 결국 그는 발라르 교수의 실험실 조수로 일하게 되었다. 파스퇴르는 1847년 화학과 물리학에서 박사 학위를 받고 유기화학과 결정학을 연구했으며 1849년 스트라스부르 대학 화학 교수가 되었다.

1854년 릴 대학에 화학 교수이자 이학부장으로 임명된 파스퇴르는 눈에 보이지 않는 생물을 연구하는 미생물학에 흥미를 느꼈다. 낮과 밤을 가리지 않고 연구한 끝에 1857년 우유가 시큼해지는 이유는 현미경으로만 보이는 아주 작은 생물의 활동에 의해서 발효가 되기 때문이라는 논문을 냈다.

　그 당시 과학자들은 미생물이 발효나 부패를 하는 데 도와주는 역할을 할 뿐 직접 발효나 부패를 일으키지 않는다고 생각했다. 그래서 파스퇴르가 낸 논문에 대해 논란이 많았다. 그래서 파스퇴르는 결정체 연구를 통해, 우유를 시큼하게 만드는 젖산 이스트라는 세균을 찾

밤낮을 가리지 않고 연구에 몰두한 파스퇴르

세상에서 가장 쉬운 과학 수업 DNA 구조

아내었고 젖산 이스트로 실험한 끝에 젖산 이스트가 직접 우유를 시큼하게 만든다는 사실을 알아냈다. 그래서 그는 발효는 살아 있는 미생물이 살아가는 과정에서 발생한다고 주장했다.

미생물 연구를 계속하던 도중 파스퇴르는 프랑스의 와인이 쉽게 변질되는 문제를 알게 되었다. 당시 프랑스는 포도로 만든 와인이 너무 빨리 상해버려서 고민이 많았다. 더군다나 1860년 영국과의 자유무역법을 성사시킨 탓에 와인이 상하는 것을 막는 일이 매우 시급했다. 파스퇴르는 1863년부터 와인의 부패에 대해 연구하였고 1866년에 상한 와인은 불필요한 미생물 때문에 그런 것이라고 설명했다. 그래서 와인으로 만들어주는 미생물의 활동은 촉진시켜야 하지만 와인 맛을 변하게 하는 미생물은 없애거나 활동을 못 하게 해야 한다고 주장했다. 파스퇴르는 미생물을 약 55℃에서 가열하면 와인의 맛은 지키되 미생물은 눈에 띄게 줄어든다는 사실을 발견했다. 그 후 열처리한 프랑스 와인이 널리 퍼지기 시작했다.

그 후 파스퇴르는 누에의 질병에 관해 연구했다. 프랑스는 중국에서 건너온 비단 산업이 매우 발달해 있었는데, 비단을 만들려면 누에를 이용해야 했다. 그러나 1865년 누에에 전염병이 퍼지면서 비단 산업에 차질이 생겼다. 누에 전염병의 원인도 치료도 알 수 없었기에 모두 발만 동동 구르고 있었다. 연구에 착수한 지 3년 만에 파스퇴르는 누에의 전염병을 일으키는 2가지 세균을 분리해냈고 이 병들의 전염을 막고 질병에 걸린 누에를 찾아내는 방법을 발견해냈다.

파스퇴르가 미생물에 관해 연구를 하고 있을 때 당시 과학자들은 미생물은 어디에서 나타나는지에 대해 관심이 많았다. 그중 가장 큰 지지를 받고 있었던 건 살아 있는 생물이 죽으면서 생긴 물질에서 생명체가 발생한다는 '자연발생설'이었다. 파스퇴르가 자연발생설이 맞는 것인지 확인하게 된 계기는 과학 아카데미에서 생물체의 발생 과정을 밝혀내는 사람에게 상을 주겠다고 나섰기 때문이다.

파스퇴르는 백조의 목처럼 생긴 긴 S자형 플라스크 안에 끓인 수프를 넣어 실험했다. 이 플라스크 안에는 먼지나 미생물은 들어갈 수 없지만 공기는 자유롭게 드나들 수 있었다. 플라스크 안의 수프에서는 미생물이 발견되지 않았다. 그러나 플라스크를 기울이자 수프 안은 미생물로 가득했다. 이것은 공기 속의 먼지에 오염된 플라스크 벽에 수프가 닿으면서 미생물이 발생했다는 것을 의미했다. 이 실험을 통해 파스퇴르는 미생물이 액체 속에서 스스로 생겨나는 것이 아니

파스퇴르는 미생물이 외부 먼지에서 온다는 것을 알아냈다.

세상에서 가장 쉬운 과학 수업 DNA 구조

라 외부 먼지에서 온다는 것을 알아내 '자연발생설'은 옳지 않은 것이라는 걸 증명했다.

　19세기 중기 유럽 의사들의 대부분은 질병은 우리 몸 내부의 불균형과 비위생적인 외부 환경이 결합하여 발생한다고 믿었다. 그러나 파스퇴르는 질병을 일으키는 것은 미생물이라고 주장하였기에 의사들은 파스퇴르의 의견에 반대했다. 그러던 중 파스퇴르는 다벤과 코흐의 탄저병에 대한 실험을 접하게 되었다. 파스퇴르는 코흐의 실험을 바탕으로 탄저병에 대해 연구했다. 그 결과, 탄저균이 탄저병의 원인이자 매개체라는 사실을 밝혀냈다. 그러나 그의 의견을 의학 아카데미는 강력하게 반대했다. 특히 코흐는 자신이 탄저균을 밝혀낸 사람이라고 주장했다. 이렇게 많은 반대에도 불구하고 파스퇴르를 지지하는 의사들은 외과 수술에서 소독을 도입하여 세균 감염에 따른 환자의 죽음을 막을 수 있었다.

　그 후 파스퇴르는 면역으로 병을 예방하는 방법에 관해 연구했다. 어떤 병에 걸렸던 사람은 면역이 생겨 같은 병이 생기지 않는데, 제너에 의해 천연두는 면역을 이용한 방법으로 이미 예방하고 있었다. 그는 천연두 외에 다른 병도 면역으로 예방할 수 있지 않을까 생각했다. 그래서 그는 닭 콜레라 백신과 탄저병 백신을 개발할 수 있었다. 동물의 전염병을 연구하던 그는 이제 인간의 전염병에 대해서도 연구했다. 그 결과, 그의 업적 중 최고로 일컬어지는 광견병 백신을 발견했다. 그는 광견병 백신으로 인해 동물에게 물린 수많은 희생자를 살릴 수 있었다. 백신 개발로 인해 동물들과 사람들의 생명을 구해주는 구세주와 같은 사람이라고 칭송받은 파스퇴르는 파리로 몰려드는 수천 명의 희생자를 보살필 중앙 시설이 필요하다고 제안하였고 이는 곧 파스퇴르 연구소의 건설 계획으로 추진되었다. 연구소 설립을 위해 기부금을 모은다는 소문이 퍼지자 전 세계에서 성금이 밀려들어 왔다. 1888년 파스퇴르 연구소는 프랑스 대통령, 프랑스 아카데미 회원들, 수많은 의사, 과학자들이 참석한 가운데 화려한 개관식을 가졌다. 훗날 파스퇴르 연구소는 에이즈 바이러스를 최초로 분리해내는 등 세계 최고의 미생물학 관련 연구소로 발전했다.

파스퇴르는 건강이 나빠졌지만 연구소의 소장을 맡으며 열심히 연구했다. 광견병 백신을 개발하였지만 여전히 광견병으로 죽어가는 사람들이 있었고 결핵 치료도 물거품이 되었기 때문이었다. 아직 풀지 못한 수많은 숙제가 남아 있었지만 그는 더 이상 연구를 할 수 없었다. 1894년 겨울 몸이 심하게 나빠져 석 달 동안 누워 있어야만 했다. 1895년 4월 그는 마지막으로 연구소 실험실에서 연구원이 분리해낸 페스트균을 현미경으로 관찰하였고 연구소의 별관에서 가족들과 시간을 보내다 9월 28일 세상을 떠났다.

세상에서 가장 쉬운 과학 수업 DNA 구조

파스퇴르 연구소에 있는 그의 흉상

소화계를 연구한 파블로프 _ 조건 반사로 노벨 생리의학상을 받다

교수   이번에는 조건 반사로 유명한 생물학자 파블로프의 이야기
를 해볼게.

이반 파블로프(Ivan Petrovich Pavlov, 1849~1936,
러시아, 1904년 노벨 생리의학상 수상)

  파블로프는 1849년 9월 26일 러시아의 랴잔에서 태어났다. 파블
로프의 집은 대대로 성직자였고 장남인 그도 성직자가 되기 위해 11
세 때 랴잔 신학교에 입학했다. 그곳에서 그는 음악을 제외하고 모든
과목에서 최우수 학생이었다. 파블로프는 1864년에 신학교를 졸업하
고 랴잔 신학대학에 입학했다. 그의 아버지는 그가 가문에서 교회에
봉사할 최초의 사람이 될 것이라고 굳게 믿고 있었다. 그러나 그 당시
러시아에서는 나라를 발전시키는 데 과학이 필요하다고 생각하여 예
전보다 훨씬 더 많은 돈을 과학에 투자했다. 그러나 신학대학에서는

세상에서 가장 쉬운 과학 수업 DNA 구조

신앙에 영향을 줄 수 있는 과학책을 읽는 것을 금지했다. 하지만 파블로프는 뜻이 맞는 여러 친구와 모임을 만들어 새벽에 도서관에서 몰래 금지된 책을 읽고 토론했다. 그는 책을 읽고 토론을 하면서 생리학에 관심을 두기 시작했다. 그래서 그는 성직자가 되지 않고 상트페테르부르크 대학에 들어가기로 했다. 성직자가 되길 바랐던 파블로프의 아버지는 격분했고 결국 부자의 인연을 끊기에 이르렀다.

상트페테르부르크 대학에는 매우 훌륭한 과학자가 많이 있었다. 원소 주기율표를 만든 멘델레예프, 러시아 식물학의 아버지라고 불렸던 안드레이 베케토프 등이 있었다. 파블로프는 동물생리학을 공부했다. 이 과목의 교수는 파블로프보다 고작 6살이 많은 치온 교수였다.

치온 교수는 생체 해부를 통해 동물의 기관을 연구하는 방법을 썼다. 그래서 사람을 많이 닮은 토끼나 개, 고양이 등 포유류를 대상으로 학생들에게 해부하여 보여주었다. 물론 이렇게 해부를 하려면 수술 기술이 좋아야 했다. 파블로프는 치온 교수 가까이서 수술 기술을 배웠고 저녁 대부분을 치온 교수의 작은 실험실에서 생체 해부를 하며 보내며 소화 기관과 심장에 관해 연구해 대학을 졸업하기도 전에 실험 결과를 학회에 발표했다. 그는 치온 교수가 있는 의과대학인 상트페테르부르크 군의사관학교에 진학했지만 치온 교수는 그를 싫어하는 무리 때문에 학교에서 쫓겨나게 되었다. 결국 파블로프는 의대를 졸업하고도 지도해줄 좋은 스승도 없이 혼자 고급 의학을 공부했다.

파블로프는 연인 세라피마와 1879년 친구의 소개로 처음 만났다.

세라피마는 작가 도스토옙스키의 친구로 지적이고 매력적이었다. 두 사람은 금방 서로를 좋아했지만 파블로프는 매우 수줍었기에 데이트 신청조차 잘 하지 못했다. 대신 두 사람은 편지를 주고받으며 사랑을 키웠고 1881년 결혼을 했다.

파블로프와 그의 연인 세라피마

결혼 후, 두 사람은 어려운 경제 사정으로 인해 멀리 떨어져 지내야만 했다. 가난 때문에 첫아들은 병에 걸렸고 결국 세라피마는 언니가 사는 시골에 내려가 살았지만 첫아들을 잃고 말았다. 그 후 세라피마는 열정적으로 교회에 나가 기도를 하였고 파블로프는 연구에 몰두했다. 훗날 파블로프는 자신의 연구를 위해 옆에서 평생을 헌신해 준 세라피마에게 업적을 돌렸다.

파블로프는 1890년 임피리얼 의학 아카데미의 생리학 교수가 되었다. 그리고 1891년 알렉산드로 올덴부르크스키 왕자가 세운 실험의학 연구소장이 되었다. 실험의학 연구소는 파블로프가 연구에 몰

세상에서 가장 쉬운 과학 수업 DNA 구조

두하기에 정말 좋은 장소였다. 많은 사람이 파블로프와 함께 연구에 참여하기를 원했기 때문에 혼자서 연구하는 것보다 훨씬 좋았다. 토론시간을 정하여 각자의 실험이나 아이디어를 발표하여 모두가 공유할 수 있게 했다. 1891년과 1904년 사이 이 실험실을 거쳐 간 공동연구자만 해도 100명이 넘는다.

그러던 중 1893년 노벨은 생리학의 발전에 힘써 달라는 의미에서 어마어마한 돈을 기부했다. 그의 뜻에 따라 지하가 있는 지상 2층의 실험실을 세웠다. 파블로프는 특히 2층에 있는 '특별 수술실을 갖춘 생리학 실험실'을 마음에 들어 했다. 파블로프는 개를 이용하여 소화계를 연구하였다. 개는 사람의 소화계와 닮은 포유동물이었고 다른 포유동물보다 순하고 생명력도 강한 편이기 때문이었다. 여기서 그는 여러 번의 실패 끝에 공동 연구자들과 함께 위의 소화 과정을 연구할 수 있도록 수술을 통해 식도와 위를 분리할 수 있었다.

위액은 어떻게 나오는 것일까? 물론 위액은 음식을 소화하기 위해서 나오는 것이지만 음식이 위에 들어왔을 때만 분비되는 것일까? 아니면 먹고 싶다는 생각만으로 위액이 분비될 수 있는 것일까? 파블로프는 이런 궁금증을 해결하기 위해 두 종류의 개로 여러 가지 실험을 수행했다. 1894년부터 1897년까지 3년 동안 그와 동료들은 개에게 여러 가지 먹이를 먹인 후 위액을 수집하고 양과 농도를 분석했다. 이 실험은 보통 10시간까지 걸리는 매우 긴 실험이었다. 이렇게 두 종류의 개에게서 위액을 받아내어 그래프를 그려 분석했다. 여러 가지 오차를 생각하면 별반 다를 게 없었던 결과지만 파블로프는 오차를 새롭게 생각했다. 그 결과, 소화계는 매우 복잡한데 소화액은 단지 음식의 양뿐만 아니라 동물의 특징, 기분 변화, 좋아하는 먹이와 싫어하는 먹이에 따라 달라진다는 것을 알아냈다. 결국 소화계는 정신의 영향을 받는다는 결론을 내릴 수 있었다.

파블로프의 조건 반사 실험

파블로프가 내린 결론을 '조건 반사'라고 부른다. 조건 반사란 자신도 모르게 반사작용을 일으키는 무조건 반사와는 달리 경험으로 얻게 된 후천적 반사작용이다. 파블로프의 조건 반사 실험은 흔히 개에게 먹이를 줄 때 종소리를 매번 들려주다 어느 날 종소리만 냈을 때 개가 침을 흘리는 경우로 많이 설명한다. 반면, 무조건 반사는 날아오는 공을 보고 자신도 모르게 눈을 감는 행동 등으로 설명할 수 있다.

조건 반사의 발견으로 파블로프는 1904년 노벨 생리의학상을 받았다. 세계 각국에서는 그와 함께 연구하고 싶다는 사람이 늘어났고 그가 맡은 연구소만 세 곳이 더 있었다. 그는 연구소를 돌아다니며 끊임없이 연구했다.

세상에서 가장 쉬운 과학 수업 DNA 구조

미토콘드리아의 발견 _ 세포가 필요로 하는 에너지 만들어!

생물양　세포 속의 다른 소기관은 누가 발견했죠?

교수　　1857년 스위스의 생물학자 콜리커(Albert von Kolliker, 1817~1905)가 세포 속 소시지 모양의 새로운 소기관을 발견했어. 1890년 리처드 알트만(Richard Altmann)은 그것을 '생물아세포'라고 불렀어. 1898년 칼 벤더는 실을 나타내는 그리스어 μίτος(mitos)와 그래뉼을 나타내는 그리스어 χονδρίον(chondrion)에서 '미토콘드리아'라는 용어를 만들었어.

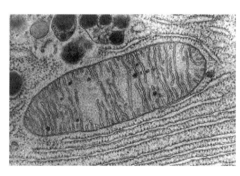

미토콘드리아

생물양　미토콘드리아는 어떤 일을 하죠?

교수　　미토콘드리아는 세포에서는 없어서는 안 되는 아주 중요한 작용을 해. 그것은 바로 호흡 작용인데, 쉽게 말하면 숨을 쉬는 작용이지. 호흡은 폐에 의한 호흡과 세포에 의한 호흡이 있는데, 미토콘드리아는 세포 호흡을 담당해. 미토콘드리아에서는 산소를 이용하여 포도당을 분해하여 이산화탄소와 물을 만들어내면서 이때 세포가 필요로 하는 에너지를 만들어내지.

생물양   미토콘드리아는 세포마다 한 개씩 있나요?

교수   그렇지 않아. 1개의 세포에는 수십 개의 미토콘드리아가 있는데, 에너지를 많이 필요로 하는 세포일수록 많이 가지고 있어. 예를 들어 간세포처럼 에너지를 많이 필요로 하는 세포에는 하나의 세포에 미토콘드리아가 2,500개 정도 있어.

골지, 골지체를 발견하다 _ 소포체에서 합성된 단백질 가공

교수   세포 속의 세 번째 소기관인 골지체 발견 이야기를 해볼게.

생물양   골지체요? 이름이 어렵네요.

교수   골지는 골지체를 발견한 생물학자의 이름이야.

카밀로 골지(Camillo Golgi, 1843~1926, 1906년 노벨 생리의학상 수상)

세상에서 가장 쉬운 과학 수업 DNA 구조

골지는 1843년 이탈리아 브레시아 근처 코르테노 마을에서 태어났다. 이 마을은 골지가 노벨상을 탄 후 코르테노 골지(Corteno Golgi)로 이름이 바뀌었다. 골지의 아버지는 파비아 출신의 의사였다. 1860년 골지는 파비아 대학에 입학하여 의학을 공부했고 1865년에 과정을 마치고 산 마테오(San Matteo) 병원에서 인턴 생활을 했다. 인턴 기간 그는 이탈리아 육군에서 민간 의사로 잠시 일했으며 노바라(Novara) 병원에서 보조 외과 의사로 일하면서 콜레라 전염병을 조사하는 일을 했다.

1867년 골지는 의학 심리학 분야의 권위자인 체사레 롬브로소의 지도 아래 학업을 재개해 『정신 장애의 원인』에 관한 논문으로 1868년에 박사 학위를 받았다. 그 후 1872년까지 골지는 임상의이자 조직 병리학자였다.

1872년 골지는 밀라노 근처에 있는 만성 질환자 병원(Pio Luogo degli Incurabili)의 최고 의료 책임자가 되었다. 그곳에서 그는 주목할 만한 발견을 하기 시작했다. 그의 주요 업적은 신경 조직에 대한 염색 기술의 개발이었다. 1875년 골지는 파비아 대학의 조직학 교수가 되었다. 1879년부터 골지는 산 마테오 병원의 일반 병리학 교수이자 원장이 되었다.

1871년 골지는 뇌가 분리된 세포가 아니라 신경 섬유의 단일 네트워크라는 망상 이론을 제시했고 이 연구로 1906년에 노벨 생리의학상을 받았다.

생물양　골지체 발견으로 노벨상을 받은 건 아니군요.

교수　맞아. 골지는 올빼미 소뇌의 신경 세포를 연구하던 중 세포 내부에서 새로운 소기관을 발견했는데, 이것은 발견자의 이름을 따서 골지체라고 불리게 되었어.

골지체

시간이 흘러 1945년 벨기에의 생물학자 클라우드와 그의 동료들이 세포 속에서 새로운 소기관인 소포체를 발견했다.

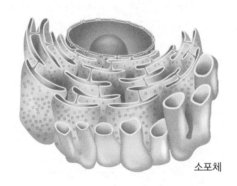

소포체

세상에서 가장 쉬운 과학 수업 DNA 구조

소포체가 발견된 후 소포체와 골지체의 역할이 알려지게 되었다. 소포체는 세포 속에서 단백질을 합성하고 만들어진 단백질을 세포의 내부와 외부로 운송하는 역할과 해독작용을 한다. 골지체는 소포체에서 합성된 단백질을 가공하는 일을 한다. 소포체에서 합성된 단백질은 인체에서 바로 사용될 수 있는 형태가 아니므로 골지체에서 가공해야 인체에서 사용할 수 있다.

이렇게 세포 속 소기관들이 발견되면서 세포의 모습이 세상에 드러나게 되었다. 생물학자들은 세포를 이루는 구성 물질을 원형질(푸르키네가 처음 사용)이라고 불렀다. 즉 핵, 미토콘드리아, 소포체 등이 모두 원형질을 이룬다. 그리고 원형질 중에서 세포핵을 제외한 나머지 부분을 세포질이라고 부른다.

세포질 속에는 색소체, 미토콘드리아, 골지체 등이 있으며, 색소체는 식물세포에만 있는 것으로, 크기가 4 내지 6마이크로미터 정도이다. 색소체에는 엽록체, 백색체, 잡색체 등이 있는데, 엽록체와 잡색체는 엽록소를 가지고 있어 이들 색소체를 가지고 있는 생물은 광합성을 할 수 있다.

생물양　식물세포와 동물세포의 차이는 뭐죠?

교수　식물세포와 동물세포에 공통으로 있는 것은 핵, 세포질, 세포막, 미토콘드리아 등이야. 그러나 식물세포에는 동물세포에는 없는 세포벽, 엽록체 등이 있어.

또한 동물세포에는 식물세포에는 없는 중심립이 있어. 단백질로

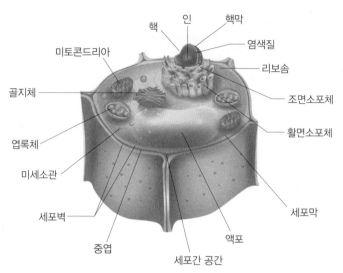

식물세포의 구조

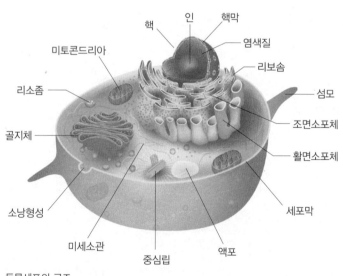

동물세포의 구조

세상에서 가장 쉬운 과학 수업 DNA 구조

이루어진 중심립은 지름이 약 0.2 마이크로미터이고 길이가 약 0.4마이크로미터인 원기둥 모양으로 된 기관이야. 그리고 액포는 식물세포에는 항상 존재하며, 대개 늙은 세포일수록 그 크기가 크지만 동물세포는 식물세포에 비해 작은 크기의 액포를 가져.

플레밍, 염색체를 발견하다 _ 세포 분열 연구 중 성과 일궈내

교수   이제 염색체를 발견한 발터 플레밍에 관한 이야기를 해볼까?

발터 플레밍(Walther Flemming, 1843~1905, 독일)

발터 플레밍은 독일의 작센베르크에서 태어났다. 그의 아버지는 정신과 의사였다. 그는 레지덴츠슈타트 김나지움을 졸업하고 프라하 대학에서 의학 교육을 받고 1868년에 졸업했다. 그 후 1870~71년에 프로이센-프랑스 전쟁 중에 군의관으로 복무했고 1873년부터 1876

년까지 프라하 대학 교수로 지내다가 1876년에 킬 대학의 해부학 교수가 되어, 죽을 때까지 그곳에 머물렀다.

발터 플레밍은 세포 분열을 연구하던 중 염료를 쉽게 흡수해 색을 띠는 실 모양의 구조를 발견했는데, 이것이 바로 염색체(Chromosome)이다.[4] 하지만 발터 플레밍은 유전에 관한 멘델 연구를 알지 못했기 때문에 염색체와 유전 사이의 관계를 알아내지 못했다.

플레밍이 알아낸 염색체 구조

발터 플레밍은 자선 활동으로도 유명하다. 그는 매주 노숙자에게 음식을 제공하고 매년 급여의 20%를 노숙자 쉼터에 기부했다. 그는 특히 너무 가난해서 학교에 다닐 수 없는 어린아이들에게 수학과 과학을 공짜로 가르쳤다.

4] Flemming, W.(1875), Studien uber die Entwicklungsgeschichte der Najaden. Sitzungsgeber. Akad. Wiss. Wien 71, 81 – 147.

세상에서 가장 쉬운 과학 수업 DNA 구조

페니실린을 발견하다 _ 플레밍에서 플로리와 체인까지

교수   이제 항생제 페니실린을 발견한 플레밍의 이야기를 해보자.

알렉산더 플레밍(Alexander Fleming, 1881～ 1955,
1945년 노벨 생리의학상 수상)

플레밍은 1881년 영국 스코틀랜드에서 태어났다. 그의 아버지는
커다란 농장을 운영하고 있어서 그는 어릴 때부터 농장에서 양을 돌
보고 친구들과 숨바꼭질을 하고 강에서 물고기도 잡으며 농장을 놀
이터 삼아 어린 시절을 보냈다. 이렇게 자연을 벗 삼아 지내면서 그는
맨손으로 토끼도 잡고 물새의 알도 찾으면서 자연에 대한 관찰력을
지니게 되었다. 그러나 이런 행복한 어린 시절은 그리 오래가지 못했
다. 그가 일곱 살 때 아버지가 돌아가셨기 때문이었다.

플레밍은 열세 살 때 런던으로 가서 안과 의사인 형과 살게 되었
다. 플레밍은 런던의 리전트 스트리트 종합기술전문학교에서 2년 동

안 직업 전문 과정을 이수했다. 하지만 학교를 졸업한 후 그는 마땅히 하고 싶은 일을 발견하지 못하다가 우연히 해운회사의 말단 사원으로 들어가 여객선의 항로를 관리하거나 장부를 정리하는 일을 했다. 하지만 그는 매일 똑같은 일을 해야 하는 해운회사의 일이 지루해졌다. 그래서 1900년에 런던 스코틀랜드 연대에 지원하여 군인이 되었다. 군대를 제대한 후 무엇을 할 것인가 방황하다가 의사인 형의 영향을 받아 의사가 되기로 했다. 그때 그의 나이는 스무 살로 의대를 지원한 다른 학생들보다 나이가 많았다. 하지만 그는 1년 동안 열심히 공부하여 1903년 성 메리 병원 의과대학에 수석으로 입학했다. 그는 대학에서 해부학과 생리학을 특히 좋아했다.

1906년 의과대학을 졸업하여 의사 자격증을 받았지만 그는 좀 더 공부하고 싶어서 대학 접종과에 남아 조교로 일했다. 그가 대학에 남은 이유는 좀 재미있다. 그는 대학 시절 사격 동아리에 있었는데, 그의 사격 솜씨가 뛰어나 모든 대회에서 우승을 차지했다. 그러자 대학에서는 그를 대학 선수로 좀 더 기용하려고 대학에 남기를 권유한 것이었다.

당시 성 메리 병원 의과대학의 접종과에는 알모스 라이트라는 훌륭한 과학자가 있었다. 그는 파스퇴르의 백신 연구에 자극을 받아 자신도 새로운 백신을 찾는 연구를 하고 있었다. 1909년 외과 의사시험에 합격한 플레밍은 의사의 길 대신 라이트와 함께 연구를 계속했다.

1914년 플레밍, 라이트와 몇몇 동료들은 왕립 군사 의무단에서 일하게 되었다. 그곳에서 플레밍은 패혈증과 파상풍과 같이 세균에 감

세상에서 가장 쉬운 과학 수업 DNA 구조

염되어 고생하는 환자를 보게 되었다. 당시에는 이렇게 세균 감염으로 고생하는 환자들을 치료하는 방법으로 감염된 부위를 절단하는 끔찍한 방법이 사용되고 있었다. 플레밍은 페놀, 붕산, 과산화수소수와 같은 화학물질을 상처 부위에 발라 소독을 하여 세균을 죽이려고 해보았지만, 이 방법은 오히려 감염된 세균을 물리치는 백혈구 세포를 죽이기 때문에 그리 좋은 결과를 낳지 못했다. 그 후 많은 사람이 세균을 직접 죽여 질병을 치료하려는 생각을 품게 되었고 플레밍의 연구도 자연스럽게 그 방향으로 진행되었다.

플레밍은 성격상 게으르고 깔끔하지 못했다. 그래서 세균을 배양하는 페트리 접시를 잘 보관하지 않아 접시는 자주 오염되곤 했고 다 쓴 접시를 치우지 않아 실험실에는 수십 개의 접시가 쌓여 있곤 했다. 그런데 그의 게으른 습관이 20세기의 가장 중요한 의학 혁명을 가져오게 되었다. 플레밍은 포도상구균(공 모양으로 생긴 세균의 한 종

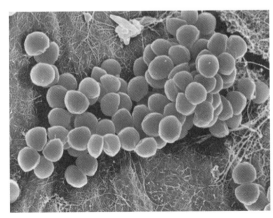

포도상구균

류)을 연구하고 있었는데, 이 세균은 포도송이처럼 동그란 공 모양의 세균이 모여 있어 그런 이름이 붙었다. 포도상구균은 사람의 몸 안에 들어가면 피부병을 일으키는 해로운 세균이다.

어느 날 플레밍은 배양하던 포도상구균 접시에 푸른곰팡이가 피어 있는 것을 발견했다. 그가 접시를 깨끗하게 관리하지 않았기 때문에 생긴 것이었다. 이렇게 세균을 배양하는 접시에 곰팡이가 피면 사용할 수 없어서 그는 곰팡이가 핀 접시를 골라내기 시작했다. 그런데 놀라운 일이 일어났다. 푸른곰팡이가 핀 접시에서는 포도상구균이 보이지 않고 대신 곰팡이를 둘러싼 투명한 띠가 발견되었다. 물론 곰팡

플레밍은 푸른곰팡이에 들어 있는 항생물질에 페니실린이라는 이름을 붙였다.

　　　　　　　　　세상에서 가장 쉬운 과학 수업 DNA 구조

이가 피지 않은 접시에서는 포도상구균이 잘 자라고 있었다.

플레밍은 왜 이런 일이 일어났는지 궁금했다. 그리고 푸른곰팡이에 포도상구균을 죽이는 어떤 물질이 들어 있을지 모른다는 가설을 세웠다. 그는 이 사실을 다른 동료들에게 보여주며 설명했지만 아무도 그의 가설에 관심을 두지 않았다. 하지만 그는 가설을 믿었고 이렇게 포도상구균을 죽이는 푸른곰팡이에 들어 있는 항생물질에 페니실린이라는 이름을 붙였다.[5]

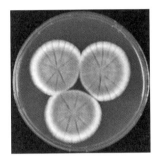

페니실린을 만드는 곰팡이 사진

플레밍은 푸른곰팡이로부터 더 많은 페니실린을 만들기 위해 실험실에서 일부러 푸른곰팡이를 배양했다. 이렇게 푸른곰팡이를 많이 길러낸 그는 푸른곰팡이가 핀 접시에 여러 가지의 세균을 접종했다. 그런데 어떤 세균들은 죽었고 어떤 세균들은 죽지 않았다. 그래서 그는 페니실린이 모든 세균을 죽이는 것이 아니라 어떤 특정한 세균

5] Fleming, A.(1922), "On a remarkable bacteriolytic element found in tissues and secretions", Proceedings of the Royal Society B. 93 (653): 306-317.

들을 죽인다는 것을 알아냈다. 그 결과, 페니실린이 폐렴, 매독, 임질, 디프테리아, 성홍열을 일으키는 세균을 죽일 수 있다는 것을 알아냈다. 하지만 장티푸스, 인플루엔자, 이질과 같은 세균은 죽이지 못한다는 것도 알게 되었다.

세균은 실험실에서 배양하기가 쉽다. 설탕, 비타민 같은 영양소가 들어 있는 액체만 있으면 많은 양의 세균을 배양할 수 있다. 세균을 잘 배양하기 위해서는 적당한 온도를 맞춰주는 것이 중요한데, 인간에게 질병을 유발하는 세균의 경우 인간의 체온인 37도 정도에서 가장 잘 자란다.

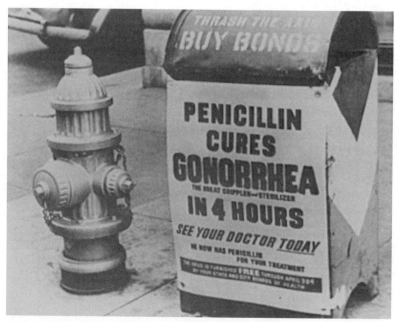

페니실린이 세균에 감염된 부위를 치료할 수 있다는 사실이 점차 세상에 알려지게 되었다.

세상에서 가장 쉬운 과학 수업 DNA 구조

플레밍은 페니실린이 살아 있는 동물에게 나쁜 영향을 주는지를 알아보기 위해 페니실린을 쥐와 토끼에게 주사해보았다. 실험 결과, 토끼와 쥐는 아무 이상이 없었다. 이제 남은 문제는 푸른곰팡이로부터 충분한 양의 페니실린을 추출하고 이를 농축하여 임상시험을 하는 일이었다. 그는 꾸준히 이 연구를 해보았지만 계속 실험은 실패했다. 더군다나 다른 과학자들은 페니실린의 효과를 잘 믿으려 들지 않았다. 거듭되는 실험 실패와 사람들의 평가에 실망한 그는 1932년부터는 페니실린 연구에서 손을 뗐다.

그러던 중 1940년에 옥스퍼드 대학에 근무하던 플로리와 체인이 푸른곰팡이에서 페니실린을 순수하게 분리하는 데 성공했다. 그들은 50마리의 쥐에게 치사량의 세균을 주입하고 25마리의 쥐는 그대로

하워드 플로리(Howard Walter Florey, Baron Florey, 1898~1968, 호주, 1945년 노벨 생리의학상 수상)

언스트 체인(Ernst Boris Chain, 1906 ~1979, 독일 출신 영국 생화학자, 1945년 노벨 생리의학상 수상)

놔두고 25마리의 쥐에게는 페니실린을 주사했다. 결과는 페니실린을 맞은 쥐만 살아남았다. 이 소식을 들은 플레밍은 당장 옥스퍼드 대학으로 달려가 그들의 페니실린 분리를 축하해주고, 페니실린에 관한 많은 정보를 나누었다.

1942년 플레밍의 형 램퍼트가 갑자기 뇌와 척수를 둘러싼 막에 세균이 감염되는 수막염을 앓아 죽어갔다. 의사들은 램퍼트에게 여러 약을 주사했지만 형은 나아지지 않았다. 플레밍은 형의 척추로부터 척수액을 추출해 현미경으로 관찰한 결과, 척수액 속에 독성 세균이 있다는 것을 알아냈다. 그러고는 옥스퍼드 대학의 플로리에게 페니실린을 보내달라는 편지를 보냈고 플로리는 충분한 양의 페니실린을 보내주었다. 그는 매일 세 시간 간격으로 페니실린을 형에게 주사했다. 이렇게 7주 동안 페니실린을 투여하자 형은 기적적으로 살아났다.

이렇게 페니실린이 세균에 감염된 부위를 치료할 수 있다는 사실이 알려지면서 페니실린은 전쟁 중 부상자의 치료에 많이 쓰이게 되었다. 그리고 옥스퍼드 연구팀과 미국 일리노이주의 농업 연구소가 페니실린을 대량추출하는 방법을 개발하면서 1944년에는 페니실린의 생산량이 급속히 증가했다.

1943년 플레밍은 페니실린의 발견에 대한 공로로 영국 왕립 학회 회원이 되었고, 이듬해에는 영국 왕으로부터 기사 작위를 받았다. 그리고 1945년 플레밍과 플로리와 체인은 페니실린의 발견으로 노벨 생리의학상을 받게 되었다.

플레밍의 페니실린 연구는 플로리와 체인의 연구로 이어져 노벨 생리의학상이라는 결과를 낳았다.

두 번째 만남
●
종의 기원을 찾아서

종의 기원은? _ 레이, '종'을 생물분류의 기본단위로

교수   이제 우리는 다윈의 종의 기원에 대한 이야기를 하려고 해.

생물양   종이 뭐죠?

교수   종은 영어로 'species'라고 하는데 생물분류의 기본단위야. 생식을 통해 자식을 만들 수 있으려면 반드시 종이 같아야 해. 예를 들어, 황소와 암소는 종이 같아서 자손을 만들 수 있고 소와 돼지는 종이 달라서 자손을 만들 수 없어. 이렇게 자손을 만들어낼 수 있는 생물들을 하나의 종으로 묶을 수 있지.

생물양   종이라는 개념은 다윈이 처음 제안했나요?

교수   그렇지 않아. 종이 생물분류의 기본단위가 되어야 한다고 처음 주장한 생물학자는 레이야.

존 레이(John Ray, 1627~1705, 영국)

레이는 영국의 블랙 노틀리(Black Notley)에서 태어났다. 그는 대장간에서 태어났고 그의 아버지는 마을의 대장장이였다. 그는 브레인트리의 그래머스쿨에서 공부했다. 그는 당시 케임브리지 대학에서 가난한 장학생을 후원하기 위해 위탁된 자금으로 공부할 수 있는 행운을 얻었다. 1644년 케임브리지 대학 칼리지 중의 하나인 캐서린홀에 입학 허가를 받았으며, 1646년에는 트리니티 칼리지로 옮겼다. 그곳에서 그는 해부학과 화학을 같이 공부할 친구들과 모임을 만들었다. 1648년 학사 학위를 받고 다음 해에는 트리니티 칼리지의 특별연구원으로 뽑혔다.

1642년에 잉글랜드에서 청교도 혁명이 일어났다. 혁명 지도자 올리버 크롬웰은 1649년에 찰스 1세를 처형하고 왕정을 폐지했다. 의회파는 크롬웰을 호국경으로 삼았지만, 크롬웰 사후에 호국경을 계승한 그의 아들 리처드 크롬웰은 정치력이 없었고, 스스로 사임을 요청했다. 또한 국민 전체가 청교도에 대해, 좋게 말하면 순수하지만, 나쁘게 말하면 독선적으로 행동하는 집단으로서 진저리가 나 있었다. 따라서 의회는 찰스 1세의 아들 찰스 2세에게 왕권을 반환하고, 1660년에 스튜어트 왕조가 부활했다. 이것을 영국의 왕정복고라고 부른다.

찰스 2세

레이는 청교도 정신에 투철했으며, 통일령에 따라 반드시 하게 되어 있는 선서를 거부했다. 1662년 그는 특별연구원 자리를 빼앗겼으나 그가 트리니티 칼리지에서 가르쳤던 학생들 중 부유한 학생들이, 레이가 박물학자로서 그의 일을 계속 수행해나갈 수 있도록 43년간 도와주었다.

1660년 레이는 케임브리지 주변에서 자라는 식물의 목록을 처음으로 출판하면서 박물학자로서의 작업을 시작했다. 9년 동안 이 목록을 연구하면서 그는 누구의 도움도 받지 않고 스스로 자연사에 관한 공부를 했다. 또한 케임브리지 지역의 식물에 대하여 철저히 연구한다음, 영국의 다른 지방을 조사했다.

1662년 레이는 프랜시스 윌러비와 함께 웨일스와 콘월을 탐사하였는데, 이때는 레이가 트리니티 칼리지에서 쫓겨날 절박한 처지에 있었던 인생의 전환기였다. 부유한 워릭셔 가문의 윌러비는 트리니

프랜시스 윌러비(Francis Willughby, 1635~1672, 영국)

티 칼리지의 학생 시절부터 레이의 자연사에 대한 열정에 대해 감동을 받아온 터였다. 그들은 살아 있는 생물에 대한 자연사를 완성하기로 결심하고 일을 시작하였는데, 레이는 식물계를 맡고 윌러비는 동물계를 맡았다. 윌러비가 레이에게 물질적으로 지원을 한 것은 그에 대한 절대적인 신뢰가 있었기 때문이다.

세상에서 가장 쉬운 과학 수업 DNA 구조

이러한 계획의 첫 번째 단계는 1663~66년 동안 계속된 대륙 여행으로, 이때 레이는 동물상과 식물상에 관하여 산 지식을 얻었다. 영국에 돌아온 두 사람은 각자 자기가 맡은 일을 시작하였는데, 레이는 미들턴에 있는 윌러비의 집에서 거의 살다시피 하였으며, 1670년 『영국식물목록(Catalogus Plantarum Angliae)』을 펴냈다.

레이가 펴낸 『영국식물목록』

1672년 윌러비가 갑자기 죽자 레이는 그에게 진 빚을 갚는다는 신성한 마음으로 두 사람의 계획을 완성하기로 결심하였는데, 윌러비가 자신에게 남긴 60파운드의 연금과 윌러비 아이들의 가정교사 자리가 도움이 되었다. 1676년 레이는 윌러비의 이름으로 『윌러비의 조류학』을 출판하였다. 월러비가 죽은 뒤에도 계속 레이를 뒷받침해 주던 월러비의 어머니가 죽었을 때 레이는 이미 『월러비의 어류의 역사』에 관해 집필하고 있었다.

월러비의 조류학에 있는 그림

1682년 레이는 분류에 관한 『새로운 식물 연구 방법(Methodus Plantarum Nova)』을 출판하였는데, 이 책에서 그는 외떡잎식물과 쌍떡잎식물의 차이점에 관한 분류학적 중요성을 강조하였다. 즉 외떡잎식물은 씨에서 싹이 나올 때 1장의 잎만 나오나, 쌍떡잎식물은 2장의 떡잎이 나온다는 것이었다. 그가 식물학에 남긴 가장 오래도록 빛나는 업적은 분류학의 기본단위로서 종이라는 개념을 확립한 것이다.

『식물 연구 방법』을 바탕으로 하여 레이는 자신의 대표적인 저서인 『식물의 역사(Historia Plantarum)』(3권)를 1686~1704년에 걸쳐 내놓았다. 처음 2권이 나온 다음 그는 완벽한 자연 분류 체계를 만

세상에서 가장 쉬운 과학 수업 DNA 구조

드는 데 힘을 쏟았으며, 그 결과, 영국과 유럽산 식물의 간략한 개요를 편집하였는데,『조류와 어류 개요(Synopsis Methodica Avium et Piscium)』,『네발 동물의 개요(Synopsis Methodica Animalium Quadrupedum et Serpentini Generis)』가 바로 그 책들이다.

레이는 생애의 마지막 10년간을 곤충들을 관찰하면서 보냈다. 그것

레이의 대표적 저서인『식물의 역사』(사진 위아래)

은 곤충 연구에 있어 개척자적인 일이었으며, 그가 죽고 난 뒤에 『곤충의 역사(Historia Insectorum)』가 출판되었다. 그는 분류학의 체계를 세우는 데 기여했으며, 한 가지 특징에 의해서가 아니라 해부학적 특징들을 포함한 모든 구조적 특징들을 바탕으로 분류 체계를 세우려고 노력하였다. 허파와 심장 구조의 중요성을 강조하면서 포유동물을 하나의 강으로 확립하였고 변태의 유무에 따라 곤충들을 분류하였다.

다윈 이전의 시대에는 분류학에 대한 진정한 의미의 자연체계 확립이 불가능하였지만, 레이의 분류 체계는 그 당시에 널리 퍼져 있던 인위적인 분류 체계보다 한층 발전한 것이었다. 그는 항상 "신학이 내 전공이다"라고 주장하였다. 1690년대에는 종교에 관해 쓴 『창조에 나타난 하느님의 지혜(The Wisdom of God Manifested in the Works of the Creation)』(3권)를 출판하였는데, 이 책은 그가 생물들을 연구하면서 느낀 모든 것을 자연종교적 입장에서 쓴 수필로, 그의 저서로는 가장 널리 읽히고 큰 영향을 미친 것이었다. 이 책은 생물 고유의 형태와 기능의 상호관계는 전지전능한 신에 의해서만 가능하다고 주장하고 있다. 이러한 주장은 17세기의 주요 과학자들 사이에서 흔히 제기되었던 것으로, '자연은 변화하지 않는다'는 입장을 내포하고 있는데, 이는 19세기에 나타날 진화사상이 발전하는 데 큰 장애가 되었다. 레이는 『곤충의 역사』를 쓰다가 77세의 나이로 세상을 떠났다.

린네, 꽃을 해부하다 _ 식물에 빠져 보낸 일생

교수   이번에는 린네의 이야기를 해볼게.

칼 린네(Carl Linnaeus, 1707~1778, 스웨덴)

린네는 1707년 5월 23일 스웨덴 남부의 작은 도시 로슐트 (Råshult)에서 목사이면서 농부인 아버지 닐스 잉거마슨과 목사의 딸인 어머니 크리스티나 사이에서 태어났다. 18세기에는 린네의 아버지와 같은 농부에게는 성이 없었다. 닐스가 룬트 대학에 들어갔을 때 그는 라임 나무의 사투리에서 유래된 린네라는 성을 사용하기 시작했다. 닐스는 아마추어 식물학자로 아름다운 정원을 가지고 있었고, 린네는 아버지와 함께 정원을 가꾸면서 꽃의 이름을 알아보는 놀이를 했다. 꽃의 이름이 주로 라틴어였기 때문에 린네는 아버지로부터 라틴어를 배웠다.

린네는 세 명의 여동생과 한 명의 남동생과 함께 행복한 어린 시절을 보냈다. 그는 일곱 살 때 가정교사로부터 교육을 받았다. 린네는 가정교사와의 공부보다는 자연을 관찰하는 것을 더 즐겼다. 린네는 아홉 살에 스웨덴 남부의 벡셰(Växjö)로 가서 그곳에서 고등학교까지 마쳤다. 린네는 당시 꼬마 식물학자로 불릴 만큼 식물에 대한 조예가 깊었다. 고등학교 시절에는 라틴어와 자연사에 크게 관심을 보였다. 논리학과 물리학을 가르치는 로스만 박사는 린네의 재능을 알아보고 그에게 의학을 공부할 것을 추천했다.

린네의 아버지는 린네가 신학을 전공하기를 바랐지만 학교 선생님들은 린네가 의학을 전공하는 것이 좋다는 제안을 했다. 선생님들의 권유로 린네의 아버지는 생각을 바꾸었다. 고등학교 마지막 학년 차에 로스만 박사는 린네에게 식물학과 의학에 대한 특강을 해주었다. 이 시기에는 탐험가들을 통해 새로운 동·식물 종들이 많이 발견되었는데, 이로 인해 동물학과 식물학 연구가 활발해졌다. 학자들은 새로 발견한 종들과 기존의 종들 사이의 관계를 알아낼 필요가 있었고 이로 인해 동물이나 식물의 분류법이 개발되기 시작했다. 당시 식물학자들은 꽃의 모양, 열매의 종류, 식물의 모양, 떡잎의 수 등을 이용해 식물 분류법을 연구하고 있었다.

1727년 린네는 룬트 대학에 의대생으로 입학했다. 룬트 대학에는 의학 교수가 킬리안 스토바에우스 한 명뿐이었고, 린네가 좋아하는 식물학 강좌는 없었다. 게다가 실험실도 노후해서 린네는 실망스러웠다.

세상에서 가장 쉬운 과학 수업 DNA 구조

린네가 다녔던 룬트 대학

린네는 스토바에우스 교수의 집에서 친구인 쿨라스와 함께 하숙을 했다. 그의 집에는 수많은 책이 꽂혀 있는 서재가 있었지만 항상 잠겨 있어 린네는 책을 읽을 수가 없었다. 우연히 열려 있는 서재에서 책을 보고 있던 린네는 스토바에우스 교수에게 들켰다. 스토바에우스 교수는 린네의 학구열을 이해하고 더 이상 서재를 잠가두지 않았다. 이때부터 린네는 스토바에우스 교수의 서재에서 식물학에 관한 많은 책을 자유롭게 읽을 수 있었다.

스토바에우스 교수는 린네에게 자신의 강의를 무료로 수강할 수 있는 자격도 주었는데, 이러한 많은 도움 아래에서 대학 생활을 한 린네는 같은 취미를 가진 학생들과 함께 스코네의 식물군에 대한 탐구를 계속해나갔다.

린네는 여름방학 동안 집으로 돌아왔다. 이때 그는 고등학교 은사인 로스만 박사를 만났다. 로스만 박사는 식물학을 공부하기 위해서는 웁살라 대학으로 옮기는 것이 좋겠다는 제안을 했다. 웁살라 대학에는 식물원이 있어 식물학을 연구하는 데 도움이 될 거라는 생각에서였다. 로스만의 조언에 따라 1728년 8월, 린네는 웁살라 대학에 진학했다. 린네는 대부분의 시간을 웁살라 대학의 식물원에서 보냈다.

린네가 새로 진학한 웁살라 대학

어느 날 식물원에서 식물을 관찰하던 린네에게 웁살라 대학의 신학 교수인 셀시우스가 다가가 그에게 식물학에 대한 질문을 던졌다. 린네는 식물학에 대한 해박한 지식을 셀시우스 교수에게 보여줄 수 있었다. 셀시우스는 교수는 린네에게 성경에 나오는 식물에 관한 책을 쓰는 일을 도와달라고 제안했다. 린네는 셀시우스 교수의 조교가 되어 그의 집에서 하숙을 하면서 성경 속 식물에 관한 연구를 했다.

당시 웁살라 대학의 학생들은 새해에 교수에게 시를 보내는 전통이 있었다. 린네는 셀시우스 교수에게 시 대신 『식물의 생식구조』에 대한 논문을 보냈다.

셀시우스 교수님께,

수술과 암술은 꽃의 생식 단위입니다. 수술은 수술대라고 부르는 줄기와 꽃가루를 만드는 꽃밥으로 이루어진 수컷 생식 단위입니다. 꽃밥은 수술의 끝부분에 붙어 있습니다. 꽃의 암컷 생식 단위는 암술입니다. 암술은 암술머리, 암술대, 씨방으로 이루어져 있습니다. 암술머리는 암술의 끝부분을 말하며 암술대는 암술머리와 씨방 사이의 긴 관입니다. 씨방에는 밑씨가 들어 있는데, 이것은 수정 후 씨가 됩니다. 수정이란 수술의 꽃가루와 암술머리가 만나는 현상을 말합니다. 식물의 수정도 동물의 수정처럼 생각할 수 있습니다. 식물의 꽃밥을 없애는 것은 동물의 정소를 없애는 것과 같고, 씨방을 없애는 것은 동물의 난소를 없애는 것과 같습니다.

린네 드림

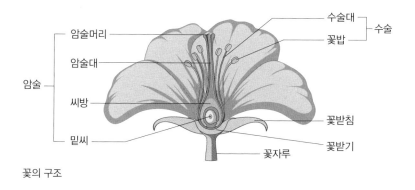

꽃의 구조

린네의 편지에 감동을 받은 셀시우스 교수는 이 논문을 루드벡 교수에게 보여주었다. 루드벡 교수는 2학년밖에 안 된 린네에게 식물학 강의를 맡겼다. 린네의 강의는 인기가 있어 300여 명의 학생이 몰릴 정도였다.

같은 해 6월에 린네는 루드벡 교수의 세 아들의 가정교사로 고용되었다. 린네는 루드벡 교수의 집에서 지내면서 생물에 대한 새로운 분류 체계를 만들기로 결심했다. 그는 수술과 암술의 숫자를 기준으로 식물들을 분류할 계획을 세웠다. 그는 꽃의 해부학을 담은 『Adonis Uplandicus』라는 식물에 대한 책을 쓰기도 했다.

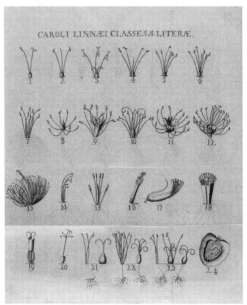

린네의 식물 분류 노트

세상에서 가장 쉬운 과학 수업 DNA 구조

린네는 또한 남성을 나타내는 기호와 여성을 나타내는 기호를 처음 사용했다.

왼쪽이 여성, 오른쪽은 남성이다.

1731년 3월, 루드벡 교수의 제자였던 닐스 로젠이 네덜란드에서 약학 박사 학위를 받고 웁살라 대학으로 돌아왔다. 그는 해부학 강의를 하기 시작했고 린네의 식물학 강의를 빼앗으려 했지만, 루드벡 교수가 이를 막았다. 린네의 강의가 워낙 인기가 좋았기 때문이었다. 이때부터 닐스 로젠과 린네의 불화가 시작되었다. 같은 해 크리스마스에 린네는 3년 만에 집으로 돌아와 그의 부모님과 만났다. 린네의 어머니는 그가 성직자가 되지 않은 것에 대해 비난했지만, 그가 대학에서 강의를 한다는 사실을 알고는 그를 격려했다.

1732년 5월 린네는 웁살라 왕립 과학협회의 지원을 받아 스웨덴, 핀란드, 노르웨이, 러시아의 북서부의 생물을 조사하는 탐사를 했다. 이 탐사는 넉 달 동안 이루어졌다. 그는 감기와 식량 부족으로 고생하기도 했지만 거대한 자연을 관찰할 수 있는 기회를 얻게 되었다. 그는 이 지역의 잘 알려지지 않은 식물을 채집했고, 순록의 습성에 관해서

도 조사할 수 있었다. 이 여행에서 얻는 자료를 토대로 린네는 1737
년 『라플란드의 식물』이라는 책을 썼다.

북유럽과 러시아 북서부 일대 탐사를 마친 린네

린네는 1733년에는 웁살라 대학에서 광물학 강의를 했다. 1734년,
린네는 몇 명의 학생들과 함께 광산 지역인 달라나로 원정을 갔다. 이
원정은 달라나 정부에 의해 후원받았고, 기존의 자연물을 분류하고
새로운 것을 발견하는 것, 그리고 노르웨이 광산업에 대한 지식을 얻
는 것이 목적이었다.

린네가 웁살라에 돌아갔을 때, 그와 닐스 로젠의 관계는 더욱 악화
되었다. 린네는 자신의 가족과 함께 크리스마스 휴가를 보내자는 클
래스 솔버그라는 학생의 제안을 받아들였다. 광산 검열관이었던 솔
버그의 아버지는 린네가 팔룬 근처의 광산을 방문할 수 있게 해주었
다. 클래스 솔버그의 아버지는 린네에게 솔버그를 네덜란드로 데려

세상에서 가장 쉬운 과학 수업 DNA 구조

가 그를 가르칠 것을 제안했다. 당시 네덜란드는 자연사를 공부하기에 제일 좋은 장소 중 하나였으며, 스웨덴인들이 박사 학위를 따기 위해 주로 가는 곳이었다. 린네는 솔버그 아버지의 제안을 받아들였다.

1735년 4월, 린네와 솔버그는 네덜란드를 향해 출발했다. 린네는 하르더르웨이크 대학에서 약학 박사 과정을 밟기로 되어 있었다. 네덜란드로 가던 길에 그들은 함부르크에 들러 시장을 만났는데, 시장은 그들에게 머리가 7개인 히드라 유해의 박제를 자랑스럽게 보여주었다. 하지만 린네는 그것이 가짜라는 것을 금방 알아차렸다. 그 박제에는 족제비의 발톱이 달린 발, 그리고 뱀의 피부가 붙어 있었다. 린네는 자신의 관찰 결과를 공표했고, 그 히드라를 비싼 가격으로 팔려던 시장의 계획은 수포가 되었다. 이 때문에 시장의 분노를 살 위기에 놓인 린네와 솔버그는 함부르크를 재빨리 떠나야만 했다.

린네가 하르더르웨이크에 도착했을 때, 그는 바로 학위를 따기 위한 연구를 시작했다. 당시 하르더르웨이크는 1주만 학교에 다녀도 '인스턴트' 학위를 주는 곳으로 알려져 있었다. 제일 먼저 그는 스웨덴어로 작성한 말라리아의 원인에 대한 논문을 제출했고, 대중 토론에서 자신의 논문 내용에 오류가 없음을 보였다. 다음 단계는 구두 심사를 받고 환자를 진찰하는 것이었다. 2주도 되지 않아 린네는 학위를 받았고, 28세의 나이에 의사가 되었다. 같은 해 여름에 린네는 웁살라에서 사귄 친구인 피터 아테디를 만났는데, 웁살라를 떠나기 전 그들은 한 명이 먼저 죽는다면 다른 한 명이 죽은 사람의 일을 끝내야 한다는 약속을 했다. 그리고 10주 후에 아테디는 암스테르담의 운하

중 하나에서 익사했고, 어류의 분류에 대한 그의 미완성 원고는 린네에게 남겨졌다.

린네는 헤르만 부르하베라는 네덜란드에서 가장 저명한 의사이자 식물학자를 만나게 되었다. 부르하베는 린네에게 남아프리카와 아메리카로 여행할 기회를 주었지만 린네는 자신이 그곳의 더위를 이기지 못할 것이라는 이유로 거절했다. 이후 부르하베는 린네에게 그가 요하네스 버만이라는 식물학자를 만날 것을 제안했는데, 린네를 만나고 그의 지식에 적잖은 충격을 받은 버만은 겨울 동안 린네와 함께 지내며 서로의 연구를 도왔다.

요하네스 버만과 함께 지내던 동안, 린네는 네덜란드 동인도 회사의 이사이자 하테캠프에 있는 큰 식물 정원의 주인인 조지 클리포드 3세를 만났다. 클리포드는 린네의 식물 분류 능력에 크게 감명을 받았고, 그를 자신의 의사이자 정원의 관리자로 초청했다. 린네는 버만과 겨울 동안 함께 있기로 했기 때문에 이 제안을 바로 받아들일 수가 없었다. 하지만 클리포드는 버만에게 한스 슬론 경의 『Natural History of Jamaica』라는 귀한 책을 주면서 린네를 보내줄 것을 설득했고, 결국 요하네스 버만은 린네가 조지 클리포드에게 가는 것을 받아들였다. 1735년 9월 24일, 린네는 하테캠프의 식물 관리자이자 주치의가 되었고, 그가 원하는 어떤 책이나 식물도 살 수 있게 되었다.

1736년 7월, 린네는 조지 클리포드의 자금으로 영국으로 여행을 갔다. 그는 첼시 피직 가든의 관리자인 필립 밀러를 보기 위해 런던으로 갔는데, 그곳에서 린네는 밀러에게 자신의 새로운 식물 세부 분류법을 가르쳤다. 필립 밀러는 이에 큰 감명을 받았고, 그때부터 린네의 분류법에 따르기 시작했다. 린네는 식물학자인 요한 제이콥 딜레니우스를 만나기 위해 옥스퍼드 대학에도 갔다. 하지만 린네는 딜레니우스에게 자신의 분류법을 알리는 데 실패했다. 영국 여행을 끝마친 린네는 많은 희귀 식물종들을 가지고 하테캠프로 돌아왔다. 다음해, 그는 『Genara Plantarum』라는 책을 출판했다.[6] 이 책에서 그는 935종의 식물을 묘사했고, 얼마 되지 않아 『Corollarium Generum Plantarum』이라는 책에서 60종의 식물을 추가로 묘사했다.

린네는 1738년 6월 28일에 다시 스웨덴으로 돌아왔다. 그는 사라 엘리자베스 모라에아와 약혼했다. 린네는 그의 후원자가 되어준 카를 구스타프 테신 백작과 만났는데, 백작은 해군 본부에서 린네가 의사직을 맡을 수 있도록 도왔다. 이에 그치지 않고 스톡홀름에 있는 동안 린네는 스웨덴 왕립 과학 한림원을 창설하도록 도왔고, 제비뽑기를 통해 첫 번째 대표가 되었다.

린네의 결혼은 1739년 6월 26일에 이루어졌다. 7년 후에 사라 모라에아는 첫아들인 칼을 낳았고, 그로부터 2년 후에 엘리자베스 크리스티나라는 딸을, 그다음 해에는 사라 마그달레나라는 딸을 낳았다. 안타깝게도 사라 마그달레나는 생후 15일 만에 죽었다. 린네는 이후 로비사, 사라 크리스티나, 요하네스와 소피아라는 네 명의 아이를 더 갖게 된다.

---

6) Carl Linnaeus, 『Genera Plantarum』(1737), 라이든, 네덜란드.

1741년 5월, 린네는 웁살라 대학의 약학 교수가 되었다. 그는 처음으로 약과 관련된 문제를 연구했다. 그는 곧 다른 약학 교수와 자리를 바꿔 식물학과 자연사, 식물학 정원을 대신 맡게 되었다. 그는 정원을 철저하게 재건하고 확장했다. 이렇게 웁살라에서 자리를 잡게 된 린네는, 같은 해 10월에 그의 아내와 9살 된 아들과 함께 웁살라에서 살게 되었다.

린네는 교수가 되고 얼마 지나지 않아, 약으로 쓸 수 있는 식물을 찾기 위해 욀란드와 고틀란드에 갔다. 먼저 욀란드로 가서 6월 21일까지 머물렀고, 이후 고틀란드에 한 달쯤 머물다가 웁살라로 돌아왔다. 이 원정을 통해 린네와 그의 학생들은 약 100여 종의 기록되지 않은 식물을 찾았다. 이 원정에서 관찰된 것은 훗날 『Olandskaoch Gothlandska Resa』로 출판되었다. 『라포니카 식물상』과 같이, 이 책은 동물학적, 식물학적 관찰을 모두 담고 있었고, 욀란드와 고틀란드의 문화에 대한 관찰도 담고 있었다. 1745년 여름, 린네는 『Flora Suecica』와 『Fauna Suecica』라는 두 권의 책을 더 집필했다. 『Flora Suecica』는 식물학책이었고, 『Fauna Suecica』는 동물학에 관한 책이었다.

안데르스 셀시우스는 1742년에 그의 이름을 딴 온도 스케일(섭씨 온도)을 만들었다. 초기 셀시우스의 스케일은 현대와 반대로, 끓는점을 0도로, 어는점을 100도로 설정하였다. 1745년, 린네는 이 스케일을 돌려서 끓는점은 100도, 어는 점을 0도로 하는 현재의 섭씨온도 눈금을 만들었다.

1746년 여름, 린네는 정부 지원을 받아 스웨덴의 바스터고틀랜드로 다시 원정을 나가게 되었다. 그는 6월 12일에 웁살라를 떠나 8월 11일에 돌아왔다. 린네는 이전 원정에서 함께했던 에릭 구스타프 리드벡이라는 학생과 함께 스웨덴에 갔다. 다음 해 그는 이 원정에서 발견한 새로운 것들을 담아 『Wastgota-Resa』라는 책을 출판했다. 린네가 여행에서 돌아오자 정부는 린네에게 최남단인 스카니아로 다시 원정을 떠날 것을 제안했지만, 그가 너무 바빴기 때문에 이 일정은 연기되었다.

　1747년, 린네는 스웨덴의 왕 아돌프 프레드리크로부터 최고 의사를 나타내는 'Archiater'라는 작위를 받았다. 그뿐만 아니라 같은 해에 그는 베를린 과학 아카데미의 회원으로 선출되었다.

　1749년 봄, 린네는 드디어 스카니아로 원정을 갔다. 그는 올로프 소더버그라는 학생과 원정을 함께했고, 스카니아로 가는 길에 스텐브로홀트에 있는 남매들을 마지막으로 방문했다. 이 원정은 이전의 원정과 비슷했지만, 이번에는 추가로 호두나무와 스웨덴산 마가목류를 기르기에 가장 적합한 장소를 찾아야 했다. 이 나무들은 군대에서 라이플을 만드는 데 사용되었다. 원정은 성공적이었고, 린네의 관찰 결과는 다음 해에 출판되었다.

　1750년, 린네는 웁살라 대학의 총장이 되었다. 아마 그가 웁살라에 있는 시간 동안 가장 크게 기여한 것은 학생들을 가르치는 일이었을 것이다. 린네의 많은 학생은 세계의 다양한 곳으로 원정을 다니며 식물 샘플들을 수집했다. 그의 강의는 크게 인기가 있었고, 식물 정원에서 진행되었다. 린네는 학생들에게 자기 스스로 생각하라는 것과 다른 사람을 신봉하지 말라는 것을 많이 가르쳤다. 린네의 강의보다 더 인기가 있는 것은 여름 매주 토요일 이루어지는 식물학 교외 활동이었다. 린네와 그의 학생들은 식물과 동물을 웁살라 근교에서 관찰했다. 린네는 제자들을 데리고 떠나는 야외 식물 수업에서 학생들에게 '식물학 유니폼'이라고 부르는 밝은 제복을 입게 하고, 매일 아침 7시에 출발, 오후 2시에 식사 및 휴식, 오후 4시에 짧은 휴식을 취하는 등 군대처럼 체계적이고 질서정연하게 움직이는 그런 수업을 운영했다.

린네가 웁살라 대학의 교수이자 총장으로 있었을 당시, 그를 따르는 수많은 학생이 있었는데, 그는 그들 중 특별한 17명을 뽑아 'Apostles'라고 칭했다. 그들은 가장 유망하고 열성적인 학생들이었는데, 그들 모두는 린네의 도움을 받아 세계 곳곳으로 식물학 탐사를 다녔다. 린네는 총장의 영향력으로 제자들의 원정에 장학금과 기회를 제공하면서 여정에서 무엇을 찾아보아야 할지 제시했다. 제자들은 린네의 분류 체계에 따라 새로운 식물, 동물 그리고 광물들을 곳곳에서 모으고 정리했고, 원정이 끝나면 수집물들을 린네에게 제공하였다. 린네가 전 세계를 돌아다닌 것이 아님에도 불구하고, 이 학생들의 원정 덕분에 린네는 범세계적인 분류법을 완성할 수 있었다. 첫 번째 제자 크리스토퍼 탄스트롬은 아내와 자식들을 둔 43세의 사제로서 1746년에 원정을 시작했다. 탄스트롬은 목적지에 도착하지 못하고, 같은 해에 열대 지방의 풍토병에 걸려 콘손섬에서 사망하였다. 탄스트롬의 부인은 린네에게 자신의 남편을 사지로 몰아넣은 것에 대

세상에서 가장 쉬운 과학 수업 DNA 구조

해 강하게 항의했는데, 이날 이후 린네는 가능하면 젊고, 미혼인 제자
들만 식물학 원정에 보내게 되었다.

린네는 그를 따르는 많은
학생 중 일부를 'Apostles'
라고 불렀다.

탄스트롬이 원정을 다녀오고 2년이 지난 뒤, 핀란드 출신의 페르
캄이라는 제자가 두 번째로 북미에 원정을 가게 되었다. 그는 북미에
서 2년 6개월을 지내면서 그곳의 식물과 동물에 관한 연구를 계속해
나갔다. 린네는 페르 캄이 많은 꽃과 씨앗들을 가지고 돌아와 아주 기
뻐했다. 『Species Plantarum』에 소개된 700여 종 중 90종은 페르 캄
이 원정에서 가져온 것이었다.

　가장 유명하고 성공적이었던 린네의 제자는 1770년부터 9년간의 원정을 다녀온 카를 피터 툰베리이다. 그는 남아프리카에서 3년간 지낸 뒤, 일본으로 건너갔다. 일본 내의 모든 외국인은 데지마섬에서 지내야만 했는데, 이 때문에 툰베리는 식물군에 관한 연구를 하는 데에 어려움을 겪었다. 그러나 그는 통역가들을 설득함으로써 다양한 식물들을 구할 수 있었고 그 자신도 델리마의 정원에서 식물들을 찾아낼 수 있었다. 그는 린네가 죽은 다음 해인 1779년에 스웨덴으로 돌아갔다.

　린네는 웁살라가 너무 시끄러우며 건강에 좋은 영향을 주지 못한다고 느껴, 1738년에 두 농장을 샀다. 그 농장의 이름은 함마르비와 사브자이다. 다음 해인 1739년, 그는 옆에 있는 에데비 농장도 샀다. 그는 함마르비에서 가족과 여름을 보냈다. 처음 그곳에는 작은 단층

집밖에 없었지만, 몇 년 뒤인 1762년에는 새롭고 큰 집을 추가하였다. 함마르비에서 린네는 식물을 키울 수 있는 정원을 만들었다. 또 1766년에 그는 함마르비 뒤에 있는 언덕에 박물관을 짓기 시작했다. 그는 그곳으로 그의 도서관과 식물 컬렉션을 옮겼다.

1735년 『Systema Naturae』가 처음 출간된 후 이 책은 몇 번이나 확장되고 재판되어, 10판이 1758년에 나왔다. 이 판은 동물학적 명명법의 시발점이 되었다.

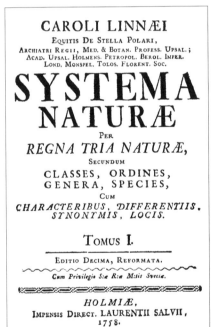

동물학적 명명법의 시발점이 된 1758년 판 『Systema Naturae』

1757년, 스웨덴의 왕 아돌프 프레드리크는 린네를 귀족으로 인정했고, 린네는 1761년에 작위를 받았다. 작위를 받으며 그는 칼 폰 린네(Carl von Linne)라는 이름을 받았는데, 린네는 'Linnaeus'를 줄이고 프랑스화한 것이다. 독일 타이틀 'von'은 그의 작위를 상징한다.

작위를 받은 후에도 린네는 가르치는 일과 집필을 계속했다. 그의 명성은 전 세계에 퍼졌고, 다양한 사람들과 교류할 수 있었다. 예를 들어, 캐서린 2세는 그녀의 나라인 러시아에서 얻을 수 있는 씨앗을 보내주었다.

린네는 말년에 건강상의 문제에 시달렸다. 그가 1764년에 걸린 심각한 병은 로젠의 치료 덕분에 이겨낼 수 있었다. 1773년에는 좌골신경통을 앓았고, 그다음 해에는 발작을 일으킨 후에 몸이 부분적으로 마비되었다. 그는 1776년 두 번째 발작을 일으켰고, 오른쪽 몸을 쓰지 못하게 되었으며, 기억을 잃었다. 1777년 12월에, 그는 다시 발작을 일으켰고, 몸이 매우 약해졌다. 결국 1778년 1월 10일에 그는 죽음에 이르게 되었다. 린네는 함마르비에 묻히기를 원했지만, 1월 22일 웁살라 성당에 안치되었다.

생물양 린네는 대단한 생물학자네요.

교수 린네는 식물학의 아버지, 최초의 생물분류학자라는 역사적인 칭호를 가지고 있지.

생물양 린네는 어떤 방식으로 생물을 분류했나요?

교수 린네는 생물을 계-문-강-목-과-속-종으로 분류했어.

세상에서 가장 쉬운 과학 수업 DNA 구조

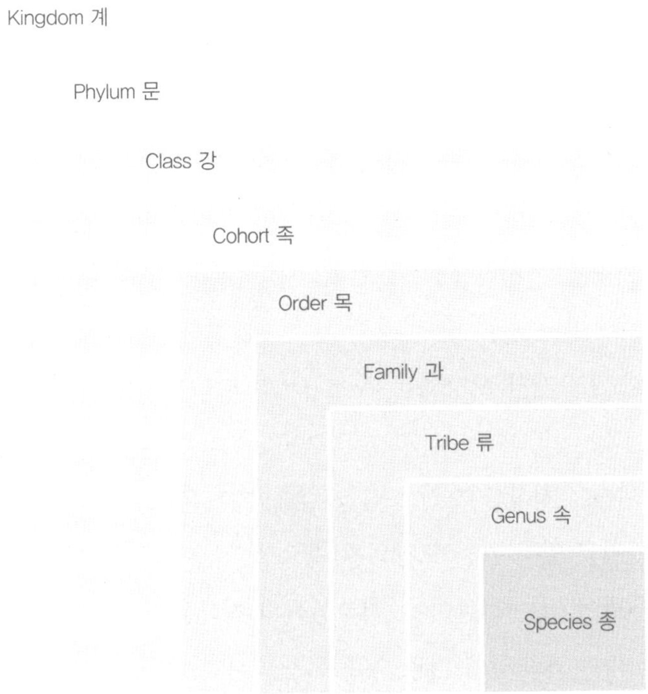

Kingdom 계

Phylum 문

Class 강

Cohort 족

Order 목

Family 과

Tribe 류

Genus 속

Species 종

린네의 분류

생물양   계가 가장 큰 분류이군요.

교수   린네가 분류할 때는 동물계와 식물계 두 개였어. 하지만 현미경을 통해 작은 생물을 관찰하기 시작하면서 동물과 식물로 구분할 수 없는 단세포생물(하나의 세포로만 이루어진 생물)이 발견되면서 1866년 독일의 헤켈은 단세포생물은 새로운 계로 인정해야 한다고 주장했지. 예를 들어 고양이를 린네의 분류 체계로 써보면 다음과 같아.

동물계-척삭동물문-포유강-식육목-고양이과-고양이속-야생
고양이종

개를 린네의 분류 체계로 써보면 다음과 같지.

동물계-척삭동물문-포유강-식육목-개과-개속-늑대종

생물양 개와 고양이는 과에서부터 달라지네요. 그런데 척삭동물이
뭐죠?

교수 척삭을 가진 동물을 말해. 척삭은 척추동물이나 원삭동물이
가지고 있는 기둥 모양의 기관으로, 척추동물이 가지고 있는 척추의
원형이 되는 기관이야. 척추동물의 척삭은 유아기나 태아기 때 존재
하다가 성숙함에 따라 척주로 변화하지. 척삭은 신경들을 보호하고
신경들이 이동하는 통로의 역할을 하고, 몸을 지탱해주는 역할을 해.
하지만 척추로 변하지 않고 척삭을 그대로 가지는 동물도 있는데 원
삭동물이 그런 경우이지. 원삭동물은 척추뼈를 가지지 않고 연골뼈
로 지탱하며 이 연골뼈가 척추동물의 척추와 비슷한 역할을 하는데
척삭이 평생 그대로 중추 뼈대를 이루는 동물이지. 주로 자웅일체이
며 무성생식, 유성생식을 모두 해. 멍게와 같은 생물이 원삭동물에 속
하며, 이동을 하는 동물도 있지만 대부분 한 자리에 고착하여 생활하
지. 멍게를 린네의 분류법으로 쓰면,

세상에서 가장 쉬운 과학 수업 DNA 구조

동물계-척삭동물문-해초강-강새해초목-멍게과-멍게속-멍게종

이 돼.

생물양　포유강은 뭐죠?

교수　강은 문 아래의 분류야. 린네는 동물은 6개의 강으로 나눌 수 있다고 생각했어.

- 포유강(포유류)
- 조강(조류)
- 파충강(파충류)
- 어상강(어류)
- 곤충강(곤충류)
- 연충강(연충류)

생물양　양서류는 없네요.

교수　린네의 시대에는 양서류라는 분류가 없었어. 양서류에 해당하는 개구리를 파충강에 포함시켰지. 나중에 생물학자들은 더 많은 동물의 강을 고려하게 되었어. 이렇게 해서 척추동물은 포유류, 어류, 양서류, 조류, 파충류로 나뉘어.

- 포유강(포유류): 정온동물(체온이 일정한 동물)이며 새끼를 낳

고 젖으로 새끼를 키우고 표면에는 털이 있으며 폐로 호흡한다. 사람, 개, 박쥐, 두더지, 다람쥐, 호랑이, 사자, 원숭이 등이 포유류이다.

- 어상강(어류): 변온동물(체온이 변하는 동물)이며 알을 낳고 평생 아가미로 호흡하고 표면은 비늘로 덮여 있고 붕어, 고등어, 광어, 상어, 참치, 연어 등이 어류이다.

- 양서강(양서류): 변온동물이며 알을 낳고 어릴 때는 아가미로, 성장하면 폐로 호흡한다. 표면은 미끈하고 개구리, 두꺼비, 도롱뇽 등이 양서류이다.

- 파충강(파충류): 변온동물이며 알을 낳고 폐로 호흡하고, 몸은 비늘로 덮여 있다. 뱀, 도마뱀, 거북 등이 파충류이다.

- 조강(조류): 정온동물이며 알을 낳고 앞다리는 날개로 변했다. 닭, 참새, 부엉이, 꿩 등이 조류이다.

생물양 계-문-강-목-과-속-종으로 분류된 다른 생물의 예를 들어주세요.

교수 다음과 같은 예를 들 수 있어.

- 장수풍뎅이(국산종)

  동물계-절지동물문-곤충강-딱정벌레목-풍뎅이과-Allomyrina
  속-ditochoma종

- 애사슴벌레(국산종)

  동물계-절지동물문-곤충강-딱정벌레목-풍뎅이과-Dorcus속
  -rectus종

- 닭

  동물계-척삭동물문-조류강-닭목-꿩과-닭속-닭종

생물양 절지동물의 대표적인 예는 거미죠?

교수 절지동물문에 속하는 동물로는 곤충과 거미, 갑각류 등이 있어. 현존하는 동물의 80% 이상이 절지동물문에 포함돼. 현재까지 알려진 절지동물의 수는 약 100만 종 이상이지. 거미와 메뚜기는 둘 다 절지동물이지만 거미는 곤충이 아니야. 메뚜기가 같은 곤충은 곤충강에 속하고 거미는 거미강에 속하거든.

생물양 식물에는 어떤 강들이 있어요?

교수 린네는 최초로 생식 기관을 식물의 분류 기준으로 사용했어. 식물은 꽃의 암술과 수술의 개수와 배치에 따라 24개의 강으로 분류되지.

- Monoandria: 1개의 수술을 가짐.

- Diandria: 2개의 수술을 가짐.

- Triandria: 3개의 수술을 가짐.

- Tetrandria: 4개의 수술을 가짐.

- Pentandria: 5개의 수술을 가짐.

- Hexandria: 6개의 수술을 가짐.

- Heptandria: 7개의 수술을 가짐.

- Octandria: 8개의 수술을 가짐.

- Enneandria: 9개의 수술을 가짐.

- Decandria: 10개의 수술을 가짐.

- Dodecandria: 12개의 수술을 가짐.

- Icosandria: 20개 이상의 수술을 가짐.

- Polyandria: 많은 수술이 꽃턱에 위치함.

- Didynamia: 2개의 짧은 수술과 2개의 긴 수술을 가짐.

- Tetradynamia: 2개의 짧은 수술과 4개의 긴 수술을 가짐.

- Monadelphia: 수술의 꽃밥이 나뉘어 있지만 수술대가 끝에서 합쳐짐.

- Diadelphia: 꽃의 수술이 두 개의 묶음으로 나뉘어 있음.

- Polyadelphia: 꽃의 수술이 몇 개의 묶음으로 나뉘어 있음.

- Syngenesia: 꽃밥이 가장자리에서 연결된 5개의 수술을 가짐.

- Gynandria: 수술과 암술이 합쳐져 있음.

- Monoecia: 자웅동체인 식물.

- Dioecia: 자웅이체인 식물.

- Polygamia 암꽃과 수꽃이 나누어진 식물.

- Cryptogamia: 꽃이 없는 식물.

예를 들어 소나무는 린네의 분류법으로 쓰면 다음과 같아.

식물계-구과식물문-구과식물강-구과목-소나무과-소나무속-소나무종

은행나무는 린네의 분류법으로 쓰면 다음과 같지.

식물계-나자식물문-은행나무강-은행나무목-은행나무과-은행나무속-은행나무종

생물양 그렇군요. 생물의 이름을 나타낼 때 계문강목과속종을 모두 얘기해야 하나요?

교수 그러면 너무 길어지잖아? 그래서 린네는 이명법을 주장했어.

생물양 그게 뭐죠?

교수 속의 이름과 종의 이름으로 생물의 이름을 정하는 걸 말해. 속의 이름과 종의 이름을 라틴어로 쓰고 속은 대문자로 시작되고 종은 소문자로 시작되도록 쓰는 거지. 예를 들어, 은행나무의 이명법은 Ginkgo biloba가 되고, 소나무의 학명은 Pinus densiflora가 돼.

생물양 　사람은 이명법으로 어떻게 나타내요?

교수 　사람은 린네의 분류법으로 다음과 같아.

　동물계−척삭동물문−포유동물강−영장류목−인류과−호모속−사피엔스종

　그러니까 사람을 이명법으로 나타내면 Homo Sapiens(호모 사피엔스)가 돼.

생물양 　들어본 적 있어요.

찰스 다윈, 『종의 기원』을 출간하다 _자연선택설 주장

교수 　이제 우리는 진화론의 창시자인 찰스 다윈에 관한 이야기를 할 거야. 꽤 긴 이야기가 될 거야.

생물양 　다윈에 대해 알고 싶었어요.

교수 　자, 그럼 다윈의 일생에 관해 이야기해볼까?

　다윈은 1809년 2월 12일에 영국 남

찰스 다윈(Charles Robert Darwin, 1809~1882, 영국)

서부의 스로즈버리에서 태어났다. 그의 할아버지 에라스뮈스 다윈은 존경받는 외과 의사이자 작가였고, 아버지 로버트 다윈 역시 의사였다. 다윈의 어머니 수잔나는 유명한 도예가인 조슈아 웨지우드의 딸이었다.

어머니가 세상을 떠난 일 년 후 아홉 살의 다윈은 스로즈버리 학교에 입학했다. 다윈은 어릴 때부터 아주 활발하고 호기심이 많았다. 그래서 틈만 나면 들판으로 나가 사냥도 하고 호수에서 물고기를 잡기도 했다. 그는 조개껍데기나 신기하게 생긴 돌멩이를 모으고 이것들이 어디에서 생겨났는가를 항상 궁금해했다. 그는 자연에 대한 호기심으로 가득 차 있어 열 살 때는 바닷가에서 3주 동안 새로운 곤충들을 관찰하기도 했다.

그는 스로즈버리 학교에서 고대의 역사나 고대의 지리학을 배웠다. 다윈은 화학을 좋아했는데, 형과 함께 창고를 화학실험실로 꾸며 여러 가지 화학실험을 하곤 했다. 다윈과 형은 여러 액체를 섞으면 연기가 피어오르는 것을 알아내기도 했다.

다윈은 들판으로 나가 오래된 나무껍질을 뜯어내다가 희귀한 모양의 딱정벌레 두 마리를 발견했다. 그는 두 마리의 딱정벌레를 한 손에 하나씩 쥐고 있었는데 또 한 마리의 딱정벌레가 나타났다. 그는 그 딱정벌레 역시 놓치고 싶지 않아 손에 쥔 딱정벌레 한 마리를 얼른 입에 집어넣었다. 그러나 딱정벌레가 냄새가 지독한 분비액을 내놓는 바람에 뱉어버릴 수밖에 없었다. 이 정도로 다윈은 희귀한 벌레를 수집하는 것을 아주 좋아했다.

어린 날의 찰스 다윈

다윈이 16살이 되자 아버지는 그를 의사로 만들기 위해 에든버러 대학에 입학시켰다. 그의 형은 이미 그 학교의 의대생이었다. 하지만 의학 공부는 다윈의 적성에 맞지 않았다. 그는 해부를 하다가 속이 울렁거려 교실을 뛰쳐나오곤 했다. 다윈의 아버지는 다윈이 의사로 어울리지 않는다는 것을 깨달았다.

다윈의 아버지는 다윈을 케임브리지 대학에 보내 신학 공부를 하게 했다. 하지만 신학 역시 다윈의 관심사는 아니었다. 그는 신학보다는 과학에 관심이 더 많았다. 1831년 졸업 요건을 갖추었지만 선택 과목을 더 수강해야 했던 다윈은 아담 세즈윅 교수의 지리학 강의를 들었다. 이 수업에서 다윈은 홈볼트가 쓴 『1799–1804 적도 지역 신대륙 여행기』를 읽게 되었다. 그는 이 책을 읽은 후 여행에 대한 동경을 품게 되었다. 같은 해에 다윈은 생물학과를 졸업했다.

다윈이 대학을 졸업할 무렵 비글호의 로버츠 피츠로이 선장은 남

세상에서 가장 쉬운 과학 수업 DNA 구조

아메리카 여행을 계획했다. 다윈은 박
물학자로 피츠로이 선장의 비글호에
타게 되었다.

1831년 12월 17일 비글호는 영국
플리머를 출발했다. 다윈은 처음 타보
는 배 여행에서 뱃멀미로 고생했다.
시간이 조금 지나 멀미를 극복한 다윈
은 찰스 라이엘(1797~1875)의 『지질
학 원론』[7]을 읽기 시작했다. 라이엘은
기독교에서 얘기하는 창조설에 반대
한 학자였다.

라이엘은 동일과정설을 주장했다.
그의 대표적인 저서인 『지질학 원리』
는 기본적으로 동일과정설에 바탕을
두고 있으며, 동일과정설의 내용은 다
음과 같은 두 문장으로 요약할 수 있다.

첫째, "현재는 과거의 열쇠이다."
즉, 현재 지구에서 일어나고 있는 여

로버트 피츠로이(Robert FitzRoy,
1805~1865, 영국)

찰스 라이엘(Sir Charles Lyell, 1st
Baronet, 1797~ 1875, 스코틀랜드)

러 가지 자연현상은 과거에도 똑같이 일어났기 때문에 현재 지구에
서 일어나고 있는 자연현상을 이해하면 과거 지구에서 일어났던 일

7) Lyell, Charles, 『Principles of geology』(1830), London: John Murray.

을 알 수 있다는 뜻이다.

둘째, "지구 역사는 언제 시작했는지 알 수 없고 또 언제 끝날지 예측할 수도 없다." 이는 지구의 역사가 무한히 길다는 것을 표현한 진술로써 현재 지표면에서 일어나는 과정은 매우 느리게 일어날 뿐만 아니라 끊임없이 반복된다는 관찰에 바탕을 둔 결론이다.

라이엘은 『지질학 원리』에서 지표면에서 일어나는 현상이 매우 느리게 일어난다고 해도 그러한 현상이 오랫동안 쌓이고 쌓이면 암석에 기록을 만든다는 점을 강조했다. 그는 한 예로 지중해에 있는 시칠리아섬의 에트나 화산(높이 3,323m)은 현재 엄청난 양의 용암을 뿜어내고 있지만, 지난 수천 년 동안 분출한 용암의 양으로는 그처럼 높은 화산을 만들 수 없다는 점을 들었다. 에트나 화산처럼 높은 화산이 만들어지기 위해서는 상상할 수 없을 정도로 긴 시간이 걸려야 한다는 것이다.

라이엘이 『지질학 원리』에서 특히 강조하려고 했던 점은 두 가지였다. 하나는 자연현상에서 초자연적인 것은 없다는 점이고, 다른 하나는 격변론자들이 틀렸다는 점이었다. 격변론은 17세기 후반부터 19세기 초반에 걸쳐 당시의 지질학계를 주도했던 유력한 학설로, 퀴비에가 주장했다. 격변론에 따르면, 산이나 산맥이나 강이나 호수나 바다와 같은 지형들은 급격한 변화에 의해서 단기간에 걸쳐 만들어진다. 하지만 라이엘은 격변론자들의 이러한 생각에 동의하지 않았다.

라이엘의 『지질학 원리』는 다윈의 진화론이 나오는 데 큰 영향을 주었다. 격변론을 주장하는 학자들은 생물이 하나님에 의해 창조되었고, 천재지변과 같은 급격한 변화에 의해 어떤 생물군들이 사라졌다고 주장했다. 그들은 하나님의 마음에 드는 생물군만이 살아남아 현재의 생물군을 이룬다고 주장했다. 라이엘의 이론에 심취된 다윈은 격변론에서 설명하는 생물군에 대한 묘사가 옳지 않다고 생각했다. 그리고 생물군이 변화하는 과정에 관심을 두게 되었다.

1832년 1월 16일 비글호는 아프리카 북서쪽 해안의 카보베르데섬에 도착했다. 다윈은 이 섬에서 수많은 종류의 표본을 수집하고 관찰 결과를 기록했다. 피츠로이 선장은 다윈의 열성에 감동을 받았다.

비글호는 카나리아 제도의 테네리페섬에 들렀다가 항해를 계속해 1832년 2월 28일 브라질에 도착했다. 다윈은 열대우림 지역의 새로운 생물종에 매우 흥미로워했다. 비글호는 4월에 브라질 리우데자네이루에 도착했고 다윈은 큰 도시는 열대우림이 파괴된 것을 알았다.

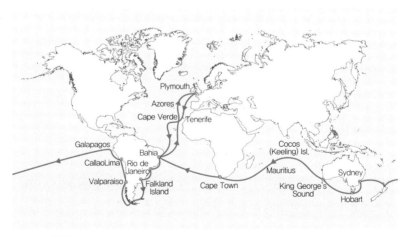

비글호의 항해도

1832년 9월 23일 비글호 탐사대는 남아메리카 동부 푼타알카 해변에 도착했다. 이곳에서 다윈은 새로운 큰 동물의 머리뼈를 발견했다. 다윈은 이 동물이 그 당시 멸종된 톡소돈임을 알아냈다.

다윈을 포함한 비글호 탐사대 일행은 남아메리카 동부에서 멸종된 톡소돈 머리뼈를 발견했다.

이때부터 다윈은 왜 어떤 큰 동물들은 멸종되었고, 멸종된 동물과 비슷한 작은 동물이 생겨나게 되었는지 궁금해했다. 파타고니아에서 다윈은 서로 다른 두 종류의 타조를 관찰했다.

1835년 9월 15일 비글호는 갈라파고스 제도에 도착했다. 갈라파고스 제도는 에콰도르 서쪽 해안에서 800킬로미터 떨어진 곳에 12개 정도의 화산섬으로 이루어져 있었다.

갈라파고스 제도의 섬에는 수많은 낯선 동물들이 살고 있었다. 이곳의 생물들은 남아메리카나 유럽에서 본 적이 없는 동물들이었다. 이곳에서 다윈은 자이언트거북을 처음 보았다. 자이언트거북은 몸무게가 약 230킬로그램이고 몸길이가 2.4미터 정도 되는 초대형 거북

세상에서 가장 쉬운 과학 수업 DNA 구조

이었다. 탐사대는 자이언트거북의 등에 올라타 즐거운 시간을 보냈다. 갈라파고스의 12개 섬에 사는 거북의 모양은 조금씩 달랐다. 다윈은 거북의 서로 다른 모습을 자세히 기록해두었다.

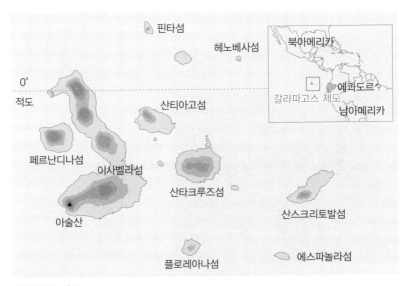

갈라파고스 제도

자이언트거북

갈라파고스에서 발견한 또 다른 종은 핀치라고 부르는 새였다. 핀치는 참새목의 조류로 되새과와 납부리새과를 총칭한다. 되새과에는 푸른머리되새(chaffinch), 방울새(greenfinch), 멋쟁이새(bullfinch), 양진이(rosyfinch) 등이 있고 납부리새과에는 금화조(錦花鳥: zebrafinch), 소문조(小紋鳥: starfinch), 호금조(胡錦鳥: Gouldian finch) 등이 있다.

되새과에 속하는 방울새

다윈은 서로 다른 부리를 가지고 있는 핀치들을 발견했다. 다윈은 각각의 섬마다 핀치들이 서로 다른 특징을 띠고 있다는 것을 발견했다. 다윈은 비슷한 섬에서 서로 다른 부리를 가지고 있는 핀치들의 모습에 의아해했다. 그들의 부리는 열매껍질을 깨기 위한 용도로 발달했다고 생각한 다윈은 각각의 섬에서 핀치의 먹이가 다른 모양이기 때문에 섬마다 핀치의 부리 모양이 다르게 발달했다고 생각했다.

씨앗을 먹는 종 곤충을 먹는 종 과일과 씨앗을 먹는 종

땅위에 사는 큰 핀치　　홍수림 핀치　　　나무를 쪼는 핀치　　선인장 큰 핀치
Geospiza magnirostis　*Camarbyncbus beliobates*　*Camarbyncbus beliobates*　*Geospiza scandens*

서로 다른 부리를 갖고 있는 핀치

1885년 말 비글호는 갈라파고스 제도를 떠나 태평양을 거쳐 오스트레일리아에 도착했다. 이곳에서 다윈은 캥거루, 웜뱃, 왈라비 등이 다른 지역에는 없고 오스트레일리아에만 있는 이유에 대해 궁금해했다.

오스트레일리아에 서식하는 웜뱃

왈라비는 캥거루과 왈라비속의 동물이다. 얼굴 모양이나 털 색깔만으로는 캥거루와 구별하기 어렵지만 왈라비는 키가 45센티미터에서 105센티미터 정도로 캥거루보다 작다. 또한 왈라비는 캥거루보다

다리가 조금 짧아 최고 속력도 시속 48킬로미터 정도로 캥거루보다 느리다.

오스트레일리아에 서식하는 왈라비

생물양 캥거루와 왈라비를 구별하는 방법은 뭐죠?

교수 이빨을 비교하면 가장 정확하게 캥거루와 왈라비를 구별할 수 있어. 왈라비는 캥거루와 달리 위턱 셋째 앞니에 세로로 홈이 나 있고, 어금니 앞 끝에 튀어나온 부분이 있거든. 왈라비는 성격이 아주 온순한 편이라 관광객들이 가까이 다가가 볼 수 있고 일부 사람들은 왈라비를 애완동물로 기르기도 해. 다시 다윈의 이야기를 해볼게.

1836년 10월 2일 비글호는 영국으로 돌아왔다. 다윈은 아버지를 만나는 것이 두려웠다. 아버지의 뜻과 다르게 다윈은 성직자의 길보다는 과학자가 되고 싶었기 때문이었다. 다윈의 걱정과는 달리 아버지는 다윈이 식물학자로 한 일을 자랑스럽게 여겼다. 다윈은 비글호

세상에서 가장 쉬운 과학 수업 DNA 구조

탐험의 내용을 1839년 『피츠로이 선장의 비글호를 타고 여러 나라에서 얻은 지리학과 자연사에 관한 연구』라는 책으로 엮었다.

다윈은 탐험에서 얻은 표본들을 정리하는 작업에 매달렸다. 그는 거북과 타조와 뱀들이 왜 서로 다른 모습으로 존재하는지에 관심을 가졌다. 그는 같은 종이라도 조금씩 달라져 수 세대를 거치면 큰 차이를 나타낼 수 있다는 것을 알게 되었다.

다윈은 할아버지인 에라스무스 다윈의 책 『주노미아』를 다시 들여다보았다. 이 책에서는 종이 진화한다는 가설이 들어 있었다. 하지만 실제로는 종의 진화에 대한 증거가 부족했다. 게다가 종의 진화는 기독교의 교리에 위배되기 때문에 많은 사람이 신이 종을 창조한 것으로 믿고 있었다. 이들을 설득하고 종이 진화한다는 것을 믿게 하려면 확실한 증거가 필요했다.

다윈은 자신과 생각을 같이하는 과학자들과 모임을 갖기 시작했다. 이 중에는 『지질학 원론』의 저자인 라이엘도 있었다. 그리고 존 굴드라는 조류학자도 있었다. 존 굴드는 다윈의 핀치에 대한 자료를 검토한 후 갈라파고스의 서로 다른 핀치들이 다른 종이라는 것을 다윈에게 알려주었다.

1838년까지 다윈은 같은 종의 부모에서 태어난 자녀들도 수천 세대를 거치면 다른 종으로 변할 수 있고 이로 인해 새로운 종이 만들어질 수 있다고 생각했다.

다윈은 어떤 종이 왜 멸종되는지도 궁금해했다. 그는 종의 멸종 원인으로 기후 변화나 환경의 변화에 종이 적응하지 못했기 때문이라고 생각했다. 즉 다윈은 새로운 환경에서 살아남은 종은 그 환역에 잘 적응한 종이라고 생각했다.

1838년 다윈은 진화론에 영향을 주는 한 권을 책을 읽었다. 그것은 경제학자인 멜서스가 쓴 『인구론』이라는 책이었다.

『인구론』을 쓴 맬서스(Thomas Robert Malthus, 1766~1834, 영국)

맬서스는 영국 길드포드에서 태어났다. 그의 가족은 부유했으며 아버지는 철학자인 흄이나 루소와 친했다. 그가 태어난 몇 주 뒤인 3월 9일에 흄과 루소가 실제로 맬서스의 집을 방문하기도 했다. 맬서스는 집에서 기초적인 교육을 받은 후, 1784년 케임브리지 대학의 지저스 컬리지에 입학해 1788년에 졸업했다.

대학에서 맬서스는 라틴어, 그리스어, 영어 독법 등 다양한 분야를 공부하였으나 주된 연구 분야는 수학이었다. 그는 대학 시절부터 각종 웅변대회를 휩쓴 능변가였다. 맬서스는 1791년 박사 학위를 받았

세상에서 가장 쉬운 과학 수업 DNA 구조

고 2년 뒤 전임 교수가 되었으며, 1797년 성공회의 성직자가 되었다.

1798년에 맬서스는 『인구론』을 발표했다. 맬서스는 역사 속의 모든 인구 증가가 결국 빈곤으로 이어졌으며, 이는 인구의 증가가 식량과 같은 자원의 증가보다 급격하게 이루어지기 때문에 일어나는 현상이라고 주장했다. 맬서스가 쓴 인구론의 가설은 다음과 같다.

- 생존은 인구 규모에 의해 강한 제약을 받는다.

- 생존 수단이 증가할 때 인구도 증가한다.

- 인구 증가의 압력은 생산력의 증가를 필요로 한다.

- 생산력의 증대는 더 큰 인구 증가를 기대하게 한다.

- 생산력의 증대가 이러한 인구 증가의 필요 정도를 지속적으로 보장하는 것은 불가능하므로 인구 증가의 수용력은 한계에 봉착한다.

- 인구가 생존 가능한 규모를 초과하면 자연은 사회 문화적인 잉여 인구에 대해 특정한 효과를 부과하게 된다. 맬서스는 이러한 특정한 효과의 예시로 빈곤, 악, 곤경 등을 들었다.

이러한 가설을 통해 맬서스는 『인구론』에서 "인구의 자연 증가는 기하급수적인데, 식량의 생산은 산술급수적이므로, 인간의 빈곤은 자연법칙의 결과이다"라고 주장했다.

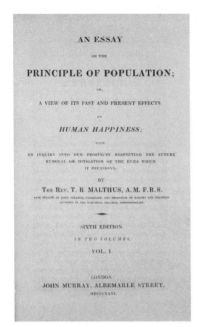

다윈은 맬서스의 『인구론』을
읽고 생물들이 바뀐 환경에 적응
하기 위해 생존경쟁을 벌인다는
아이디어를 냈다. 그는 동물들은
살아남는 수보다 더 많은 새끼를
낳는데, 살아남은 동물들은 영토
와 먹이와 암컷을 차지하기 위해
경쟁한다고 생각했다. 그러므로
환경에 유리한 조건을 가진 동물
이 번식할 기회가 많아진다고 생
각했다. 다윈의 논리에 따르면,
이렇게 환경에 적합한 동물은 자
녀들에게 그 특징을 물려주면서

맬서스의 『인구론』 표지

환경에 잘 적응하는 동물들이 많아지게 된다. 다윈은 이것을 다음과
같이 표현했다.

자연은 특정 환경에 살아남는 데 유리한 동물들을 선택한다.

다윈은 이것을 '자연선택'이라고 불렀다. 이로써 다윈은 진화론에
관한 책을 쓸 준비가 되었다. 하지만 다윈은 책을 내는 데 주저했다.
이 이론이 기독교계에 미칠 영향을 알고 있었기 때문이었다.

1839년 다윈은 엠마 웨지우드와 결혼했다. 결혼한 지 얼마 안 되어

세상에서 가장 쉬운 과학 수업 DNA 구조

다윈은 두통과 피로에 시달렸다. 다윈은 요양을 위해 한적한 시골 마을인 켄트주로 이사했다.

켄트주로 옮긴 그해 다윈은 자연선택에 의한 진화론을 35쪽 정도로 기술했고 1844년 원고는 230쪽이 되었지만 그는 출간을 미루고 8년 동안 집필에 매진했다. 다윈은 자신의 집필 내용을 친구인 라이엘과 영국의 식물학자 후커에게 보여주었다. 두 사람은 다윈에게 다른 사람들이 이 놀라운 이론을 발표하기 전에 다윈이 먼저 책으로 내야 한다고 다윈을 설득했다. 두 사람의 든

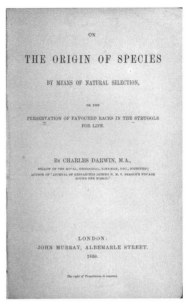

『종의 기원』 표지

든한 지원을 얻은 다윈은 1859년 그의 위대한 저서 『종의 기원』을 출간했다.[8] 이 책은 초판 1,250권이 하루 만에 모두 팔릴 정도로 베스트셀러가 되었다.

8] C. Darwin, 『On the Origin of Species』(1859), London: John Murray.

『종의 기원』, 파문을 몰고 오다 _ 진화론에 반발한 사람들

교수 이제 『종의 기원』의 주요 내용을 살펴볼게. 『종의 기원』의 각 장 제목은 다음과 같아.

1장 사육과 재배로부터 발생하는 변이

2장 자연 상태의 변이

3장 생존 투쟁

4장 자연선택

5장 변이의 법칙들

6장 이론의 난점

7장 자연도태

8장 본능

9장 잡종

10장 지질학적 기록의 불완전함.

11장 유기체들의 지질학적인 천이

12장 지리적 분포 I

13장 지리적 분포 II

14장 유기체들의 상호 유연관계, 형태학, 발생학, 흔적기관

15장 요약

생물양 『종의 기원』에는 어떤 내용이 들어 있는지 설명해주세요.

교수　　이제 1장부터 15장까지의 내용을 간단히 요약해줄게. 나중에『종의 기원』책을 꼭 읽어봐.

　　1장은 가축과 작물의 변이를 다루는 내용이다. 다윈은 사육과 재배로부터 많은 종이 선택적 교배를 통해 공통 조상으로부터 분화했다고 주장했다. 다윈은 두 가지 종류의 변이를 생각했는데, 하나는 기형이 생기는 현상과 같은 급작스러운 변이이고 다른 하나는 항상 존재하는 천천히 진행되는 변이이다. 다윈은 두 변이가 모두 유전[9]되지만 두 번째 변이가 진화에 더 중요하다고 주장했다.

　　나는 사육된 오리가 야생의 오리에 비해 전체 뼈의 무게 중에서 날개뼈의 무게가 차지하는 비율이 더 낮고 다리뼈가 차지하는 비율이 더 높다는 것을 알아냈다. 나는 이러한 차이는 사육된 오리가 날기보다는 걷기를 더 많이 하기 때문이라 생각한다.

– 다윈의『종의 기원』중에서

　　다윈은 진화에 있어서 생식기관이 가장 큰 영향을 받기 때문에 동물들을 사육하면 본능이 약해져서 번식을 잘 못 하게 되는 수도 있다고 생각했다. 하지만 시간이 오래 흐르면 사육된 종들은 환경에 적응해 번식도 잘하게 된다.

---

9) 다윈은 '유전'이라는 말 대신에 '대물림'이라는 말을 사용했다. 유전이라는 용어는 나중 멘델에 의해 도입되지만 이 책에서는 편의상 '유전'이라는 용어를 사용한다.

다윈은 사람들이 가축이나 농작물의 품종을 개량할 수 있고, 사람들에게 유리한 형질 변이가 일어난 가축이나 농작물을 골라서 키우면 그 형질을 후손이 물려받게 된다고 생각했다.

2장에서 다윈은 종(species)과 변종(variety) 사이의 관계는 알쏭달쏭하다고 주장했다. 박물학자들은 종이 신에 의해 만들어졌기 때문에 변종에 대한 생각을 하지 않았다. 하지만 다윈은 종이 변이되면서 변종이 나타난다고 생각했다.

나는 발틱해의 조개가 왜 작은지, 알프스산 정상의 식물이 왜 작은지, 북극에 서식하는 동물들의 모피가 왜 두꺼운지를 설명하기 위해 변종도 유전된다는 생각을 가지게 되었다. 즉 앞선 예에서 나타나는 종은 변종으로 불러야 한다.

(중략)

모든 변종이 종의 지위를 가지는 것은 아니다. 변종이 초기에 멸종될 수도 있고, 매우 오랜 시간 변종으로 남아 있을 수 있다. 어떤 변종이 부모 종을 능가할 정도로 번성하면 변종이라고 부르던 것이 종으로 분류되고, 부모 종이 변종으로 분류된다.

(중략)

결론적으로 변종과 종은 잘 구별될 수 없다. 변종과 종은 중간 연결고리에 의해 구별 가능하다. 큰 속에는 엄청나게 많은 종이 존재한다. 그 모든 종이 독립적으로 창조되었다고 보기는 어렵다. 그 종들 중의 상당 부분은 변종으로 해석되어야 한다.

– 다윈의 『종의 기원』 중에서

3장에서 다윈은 생존경쟁을 다루고 있다. 다윈은 모든 생물이 기하급수적으로 증가하므로 한정된 공간과 먹이를 놓고 치열한 생존경쟁이 일어난다고 생각했다. 다윈은 같은 종에 속한 개체들과 변종들 사이에서 이러한 생존경쟁이 가장 치열하다고 생각했다. 다윈은 다음과 같이 말했다.

자연 상태에서 모든 식물은 씨앗을 만든다. 짝짓기를 매년 안 하는 동물도 소수이다. 따라서 다음과 같이 주장할 수 있다. 모든 동물은 기하급수적으로 증가하는 경향이 있는데, 이러한 증가는 동물들이 어느 시기에 종들의 증가를 저지시키는 일이 발생해 균형을 이루어야 한다.

(중략)

어떤 식물들은 다른 식물들이 빽빽하게 들어선 땅에서 발아하는 경우에 가장 많이 소멸된다. 나는 땅 한쪽을 길이 3피트[10]에 폭 2피트로 파서 다른 식물로부터 훼손되지 않게 한 후 그 안에 뿌리를 박고

---

10) 1피트는 약 30.48센티미터.

있는 357개의 싹을 조사했다. 그중 295개 이상이 민달팽이나 곤충에 의해 파괴되었다.

4장에서 다윈은 자연선택과 생존경쟁을 통해 어떤 종이 사라지는 자연도태가 발생하고 강한 종이 살아남는다고 주장했다. 다윈은 생존에 유리한 변종은 살아남고 생존에 불리한 변종은 도태된다고 생각했다. 이러한 자연선택이 오랜 시간 동안 지속되면서 새로운 종이 출현하게 된다고 생각했다. 다윈은 책에서 다음과 같이 기술했다.

생존을 위한 경쟁에 의해 변이는 아무리 작은 것이라도, 또 어떤 원인에서 생기는 것이라도, 어떤 종이든 그 한 개체에 조금이라도 이익이 되는 것이라면, 다른 생물 및 생존의 물리적 조건에 대한 무한하게 복잡한 관계 속에서 그 개체를 보존하도록 작용할 것이고, 그것은 또 일반적으로 자손에게 전해져 내려갈 것이다. 그 자손도 이와 마찬

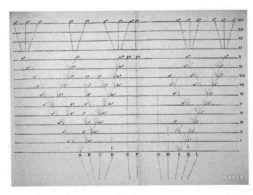

자연선택에 따라 종이 많아지는
과정을 그린 그림

세상에서 가장 쉬운 과학 수업 DNA 구조

가지로 생존의 기회를 더 많이 얻게 된다. 그것은 어떤 종이든 주기적으로 다수의 자손이 태어나지만, 그 가운데 소수만이 존속할 수 있기 때문이다. 아무리 경미한 변이라도 유용한 점이 있으면 보존되는 이 원리를, 인간의 선택능력과 구별하기 위해 나는 '자연선택'이라는 용어로 부르기로 했다.

다윈은 사자의 갈기가 수컷에게만 있다든가, 새들의 노래가 수컷에서 두드러지게 나타나는 현상을 설명하기 위해 주로 수컷들의 짝짓기 경쟁에 의해 발생하는 성 선택(sexual selection)의 개념을 도입했다.

5장은 변이(mutant)에 대한 설명이다. 다윈은 변이에도 법칙이 있다고 주장했다.

다윈과 거의 같은 시기에 라마르크는 1809년에 출간한 『동물 철학(Philosophie Zoologique)』에서 '용불용설'이라는 새로운 이론을 발

라마르크(Jean-Baptiste Lamarck, 1744~1829, 프랑스)

표했다.

『동물 철학』에는 진화가 일어나는 기본 법칙 두 가지가 들어 있다.

> [첫 번째 법칙] 종 내에서 특정 형질의 변화가 일어난다.
> [두 번째 법칙] 특정 형질의 변화는 번식 과정에서 다음 세대에게 유전된다.

'용불용설'은 첫 번째 법칙을 말한다. 라마르크는 이 이론에 대해 다음과 같이 설명했다.

동물이 어떤 기관을 다른 기관보다 더 자주 쓰거나 더 지속적으로 사용하게 되면, 그 기관은 점차 강해지고 발달하며 크기도 커지게 된다. 반면, 어떤 기관을 오랫동안 사용하지 않으면, 그 기관은 점차 약화하고 기능도 쇠퇴하여 결국 사라지게 된다.

– 라마르크

'용불용설'의 개념을 설명하는 전통적인 예로 기린의 목이 늘어나는 과정을 들 수 있다. 기린은 평생 높은 가지에 있는 잎을 먹기 위해서 목을 점점 늘이게 되었다. 이 과정이 오랜 세월 반복되면서 기린의 목은 점점 늘어나게 되었다. 라마르크는 기린이 목을 늘이는 현상이 일어나는 원인을 "완벽함을 향한 자연적인 경향성(natural tendency toward perfection)"이라 불렀다.

세상에서 가장 쉬운 과학 수업 DNA 구조

라마르크의 '용불용설'을 설명한 기린의 예

　라마르크가 든 또 다른 예는 물새의 발가락이다. 물새는 물을 가로지르며 수영하다 보니 발가락을 늘이게 되었고, 이로 인해 긴 물갈퀴가 달린 발가락을 가지게 되었다는 것이다.

라마르크는 '용불용설'의 한 예로 물새의 발가락을 들었다.

마찬가지로 라마르크는 어떤 기관을 사용하지 않으면 형질이 약화하여 축소된다고 생각했다. 그는 펭귄의 날개는 날기 위한 용도로 사용되지 않게 되어 점차 퇴화하여 작아졌다고 설명했다.

퇴화한 펭귄의 날개 또한 '용불용설'로 설명할 수 있다.

다윈은 라마르크의 용불용설을 인용했다. 그는 많이 사용하는 부분은 강하고 크게 되고 사용하지 않은 부분은 약하고 작게 되며 이런 변이는 대부분 유전된다는 라마르크의 이론을 받아들였다.

6장에서 다윈은 자신의 학설에 대한 난점을 제기했다. 그는 다음과 같은 두 가지 의문을 던졌다.

[첫 번째 의문] 종들이 오랫동안 천천히 진행되는 변이에 의해서 다른 종들로부터 생겼다면 우리는 그 중간 형태의 종을 보지 못하는가?

[두 번째 의문] 중간 형태가 어떻게 그 종의 생존에 기여했을까?

세상에서 가장 쉬운 과학 수업 DNA 구조

첫 번째 의문에 대해 다윈은 지질학적 기록이 불완전한 것 때문에 그럴 수도 있고, 새로운 종은 원래의 종이나 근친종과 가장 치열한 경쟁을 벌이면서 그들을 없애기 때문에 중간 형태가 상대적으로 적게 나타난다고 생각했다.

두 번째 의문에 대해 다윈은 날다람쥐를 예로 들었다. 다윈은 날다람쥐가 날개와 다리의 중간에 해당하는 형질을 가지고 있다고 생각했다. 다윈은 이렇게 특화된 기관들은 완전하게 발달하기 전의 중간 형태는 기능할 수 없을 것으로 생각했다.

다윈은 무척추동물에서 발견되는 하나의 시신경으로 구성된 눈을

다윈이 날개와 다리의 중간에 해당하는 형질을 가지고 있다고 생각한 날다람쥐

통해 척추동물의 눈이 진화해 나온 과정을 설명했다. 다윈은 책에서 다음과 같이 썼다.

만일 오랜 시간 여러 번의 아주 작은 변이에 의해 생겨날 수 없는 어떤 복잡한 기관이 있다면, 나의 학설은 절대로 성립될 수 없게 된다. 그러나 나는 그러한 예를 하나도 발견할 수가 없었다.

– 다윈

7장에서 다윈은 자연도태설에 대한 여러 견해를 제시했다. 그는 산토끼와 생쥐의 귀나 꼬리의 길이처럼 별로 쓸모없어 보이는 형질은 자연선택의 영향을 받았을 리 없다는 반론에서는 중요한 부분이 변화하면 다른 사소한 부분도 바뀔 수 있다는 상관 변이의 개념을 도입했다.

8장은 본능에 관한 이야기이다. 다윈은 생리 구조뿐만 아니라 본능도 유전된다고 생각했다. 그는 다른 새의 둥지에 알을 낳는 뻐꾸기나 생식능력을 갖지 못한 일개미가 군집 전체를 위해서 헌신하는 것을 본능의 예로 들었다. 그는 이러한 일개미의 본능도 군집 전체의 이익에 도움이 될 때는 생식 능력을 가진 암개미와 수개미에 의해 후손에게 전달될 수 있다고 생각했다. 그는 꿀벌이 벌집을 짓는 본능 또한 유전된다고 생각했다. 이 부분에 대해 다윈은 다음과 같이 말했다.

세상에서 가장 쉬운 과학 수업 DNA 구조

다윈은 생식 능력을 갖지 못한 일개미가 군집 전체를 위해서 헌신하는 것을 본능의 예로 들었다.

　　논리적인 추론은 아닐지 모르지만, 내가 상상하기로는 뻐꾸기 새끼가 배다른 형제를 둥지에서 밀어내는 것도, 개미가 노예인 일개미를 만드는 것도, 맵시벌과의 유충이 살아 있는 모충의 체내에서 그 몸을 파먹는 것도, 모두 개별적으로 부여되거나 창조된 본능으로 보는 것이 아니라, 모든 생물을 증식시키고 변이시키거나, 강자는 살리고 약자는 도태하여 진보로 이끄는 일반적인 법칙의 작은 결과로 간주하는 편이 훨씬 만족을 안겨준다.

- 다윈

9장은 잡종에 대해 다루고 있다. 어떤 종들은 쉽게 짝짓기를 하면서 불임성인 잡종을 낳고 어떤 종들은 어렵게 짝짓기를 하지만 상당한 출산력을 갖는 잡종을 낳는다. 다윈은 이런 사실을 통해 종과 종, 종과 변종의 구분은 절대적이지 않다는 사실을 확인할 수 있었다. 다윈은 잡종의 형성 여부와 잡종의 번식 가능 여부는 종에 따라 다양하며, 특히 식물에서 더 다양하다는 사실을 알아냈다.

10장은 지질학적 기록이 불완전하다는 내용이다. 다윈은 지질학적 기록의 올바른 해석을 위해서는 각 시대의 화석들이 많이 발견되어야 하는데, 지각의 변동이나 침식 등에 의해 화석들이 소실되거나 손상되어 참고할 수 있는 화석의 수가 너무 적다고 생각했다.

라이엘의 『지질학의 원리(Principles of Geology)』에서 화석화는

다윈이 종의 변이 과정을 암시하는 중간 종의 예로 든 시조새

세상에서 가장 쉬운 과학 수업 DNA 구조

매우 드문 과정이라 지질학적 기록은 불완전할 수밖에 없다고 주장했는데, 다윈의 생각은 바로 라이엘의 주장과 같았다.

11장은 생물의 지질학적 천이의 관계를 다룬다. 어떤 지층에서는 종의 변이 과정을 암시하는 중간 종이 발견되기도 한다. 그 예가 파충류와 조류의 중간에 해당하는 시조새이다.

또 비둘기의 예를 통해서 두 개의 겹쳐진 지층 속의 화석끼리는 두 개의 서로 떨어진 지층 속의 화석에 비해 중간적인 형질을 갖는다는 점을 시사했다.

12장 지리적 분포에서 그는 지구 표면의 생물 분포를 고찰할 때 우리를 무엇보다 놀라게 하는 사실들에 관한 이야기를 서두에서 하고 있는데, 우선 여러 지역에 사는 생물의 유사성이나 차이를 모두 기후나 그 밖의 물리적 조건으로는 완전히 설명할 수 없다는 것이다. 두 번째는 어떤 종류의 장벽, 즉 자유로운 이주에 대한 장애물이 각기 다른 지역에 사는 생물 간의 차이에 밀접하고 중요한 관련이 있다는 점이다. 마지막으로 같은 대륙, 혹은 바다에서의 생물은, 종 그 자체는 제각각의 지점, 구역에서 다르다 할지라도 유연관계(생물들이 분류학적으로 얼마나 멀고 가까운지를 나타내는 관계)를 갖고 있다는 것이다. 동식물의 지리적 분포는 생물종의 역사를 이해하는 데 중요하다. 왜 다른 대륙에서 비슷한 생물이 발견되고, 왜 어떤 대륙에서는 이렇다 할 포유동물이 발견되지 않는가? 다윈은 만약 종들이 독립적으로 창조되었다면 이런 일은 없었을 것으로 생각했다.

이 장에서는 또한 생물지리학적 증거를 다룬다. 다윈은 먼저 서로 지역에 따른 동물 및 식물군의 차이가 단순히 환경적 차이만으로는 설명될 수 없다는 점을 지적한다. 남아메리카, 아프리카, 호주는 같은 위도상에서 비슷한 기후를 띠지만, 이들 지역의 동식물에는 대단히 큰 차이가 있다. 한 대륙의 한 지역에서 발견되는 종들은 다른 대륙보다 그 대륙의 다른 지역들의 종들과 더 밀접하게 연관되어 있다. 다윈은 이주에 있어서 장애물이 다른 지역들의 종들로 하여금 차이를 띠게 하였다고 주장한다. 태평양 쪽의 중앙아메리카와 대서양 쪽의 중앙아메리카는 파나마 지협에 의해 불과 수 킬로미터 떨어져 있지만 공통된 종이 거의 없다. 다윈은 이를 이주와 변이를 수반한 유전 (descent with modification)의 결합을 통해 설명한다. 다윈은 한 대륙으로부터 수백 마일 떨어진 화산섬에 그 대륙의 생물종이 건너간 이후의 일을 설명한다. 건너간 생물종들은 시간에 따라 변이되지만, 여전히 대륙의 생물종들과 연관되어 있을 것이다. 다윈은 이러한 예들을 직접 관찰하였다.

13장도 역시 지리적 분포에 대한 이야기이다. 대양의 섬에 사는 종은 대륙의 같은 면적에 사는 종보다 그 가짓수가 적으며, 섬에 사는 종들과 가까운 본토에 사는 종들 사이에서는 유연관계가 발견된다. 이 역시 종들은 독립적으로 창조되지 않았음을 시사한다.

지리적 분포에 대한 매우 중요한 여러 사실은 이주와 그것에 이은 변화 및 새로운 형태의 증식이라는 이론으로 설명된다고 나는 생각한다. 예컨대 우리는, 현재의 수많은 동식물의 계를 분리하는 데뿐만 아니라 그것을 형성함에 있어서도 장벽이 존재한다. 우리는 아속과 속 및 과가 국지화한 사실과, 남아메리카에서 볼 수 있듯이 다양한 위도에서 평원과 산지의 생물, 숲과 늪과 사막의 생물이 극히 신비로운 양상으로 유연관계에 의해 결합하여 있으며, 그러한 생물이 또한 이전에 같은 대륙에서 살다가 멸종한 생물과 결합해 있는 이유가 무엇인지 이해할 수 있다.

- 다윈

14장은 생물들의 유연관계를 추적한다. 그 관계는 상동 기관, 배, 흔적기관 등에서 나타난다.

"물건을 쥐는 데 적합한 사람의 손, 땅을 파는 데 적합한 두더지의 앞발, 말의 다리, 돌고래의 물갈퀴, 박쥐의 날개가 모두 동일한 패턴에 따라서 구성되어 있으며, 똑같은 상대적 위치에 배치된 똑같은 뼈를 가지고 있다는 것만큼 흥미진진한 것이 또 있을까?"

- 다윈

다윈은 강에 속하는 동물들의 배아가 종종 굉장히 비슷하다는 점을 지적한다. 또한 다윈은 날지 못하는 새의 날개와 같은 흔적기관들을 논하며, 어떤 흔적기관들은 배아 상태에서만 발견된다는 점을 언급한다.

15장 결론에서 다윈은 종은 고정불변한 것이 아니라고 말하고 있다. 우연한 변이가 생겨서 그것이 생존에 유리하게 작용하면 자연은 그 변이를 선택하여 후손에게 전달하고 변이와 자연선택, 곧 우연과 필연의 누적이 진화를 연출한 원동력이라 주장한다.

온갖 종류의 식물이 자라고, 숲속에서는 새가 노래하고 곤충은 여기저기 날아다니며, 축축한 땅속을 벌레들이 기어 다니는 번잡스러운 땅을 살펴보는 것은 재미있는 일이다. 그러한 개개의 생물은 제각기 기묘한 구조를 가지고 있고, 서로 매우 다르며 매우 복잡한 연쇄를 통해 서로 의지하고 있지만, 그런 생물이 모두 지금 우리 주위에서 수행되고 있는 여러 가지 법칙에 따라 만들어진 것임을 깊이 생각해보는 것도 흥미롭다. 그러한 법칙은 가장 넓은 의미에서 말한다면, '생식'을 수반하는 '성장', 거의 생식 속에 포함된다고도 할 수 있는 '유전', 생활의 외적 조건의 직접 또는 간접적인 작용에 의한, 또 용불용설에 의한 '변이성', 생존경쟁과 나아가서는 '자연선택'을 초래하고, 마침내 '형질의 분기'와 열등한 생물을 '멸종'시키는 높은 '증가율' 등이다. 그리하여 직접적으로 자연계의 싸움에서, 또 기아와 죽음에서 우리가 생각할 수 있는 최고의 사항, 즉 고등동물의 산출이라는 결과가 나오는 것이다. 생명은 최초의 창조자에 의해 소수의 형태로, 또는 하나의 형태로 모든 능력과 함께 불어넣어졌다고 보는 견해, 그리고 이 행성이 확고한 중력의 법칙에 의해 회전하는 동안 이렇게 단순한 발단에서 지극히 아름답고 지극히 경탄스러운 무한의 형태가 태어났고, 지금도 태어나고 있다는 이 견해에서는 장엄함을 느낄 수 있는 것이다.

– 다윈

세상에서 가장 쉬운 과학 수업 DNA 구조

생물양   『종의 기원』은 상당히 방대한 분량이군요.

교수   맞아.

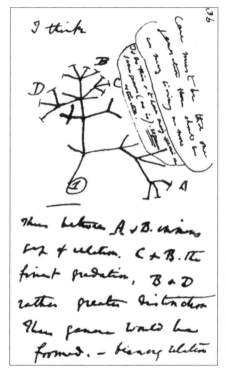

다윈이 1837년 여름에 처음 그린 진화나무. 1에서 시작한 가지는 점점 많아지는데, 새로운 종이 생기는 것을 뜻한다고 생각된다. B와 C와 D는 비슷한 종으로 모여 있는 반면, A는 같은 뿌리에서 나왔으나 3종과는 다른 종이라고 생각해서 떨어뜨려 그린 듯하다.

다윈의 『종의 기원』이 나온 후 큰 파문이 일어났다. 다윈의 진화론을 비꼬는 많은 글이나 그림들이 등장하기도 했다.

다윈의 진화론을 풍자한 그림

1882년 영국 잡지 『펀치(Punch)』 에는 다윈의 진화론대로라면 사람은 벌레를 거쳐 원숭이를 거쳐 원시 인간을 거쳐 현재의 모습으로 진화 되었으므로 사람은 벌레에 지나지 않는다는 풍자 그림을 그려 다윈의 진화론을 비꼬았다.

진화론을 풍자한 그림

생물양   기독교의 반발이 제일 심했겠군요.

교수   물론이야.

세 번째 만남
•
멘델의 유전법칙

멘델, 자연과학 연구를 향한 일념 _ 사후 35년이 지나서야 빛을 보다

교수 이제 우리는 유전법칙을 만든 과학자 멘델의 이야기를 할 거야.

그레고어 멘델(Gregor Johann Mendel, 1822~1884, 오스트리아)

　멘델은 1822년 7월 20일에 오스트리아 제국에 있는 메렌 지방(현재의 체코)의 작은 마을인 하인첸도르프에서 태어났다. 그의 아버지 안톤은 군인이자 소작농이었고 어머니 로진은 정원사의 딸로, 어린 멘델에게 식물에 대한 교육을 시켰다.

　어릴 적부터 농사와 원예 일을 도왔던 멘델은 자연스레 자연과학에 관심을 보이게 되었다. 1834년부터 1840년까지는 트로파우(지금의 체코의 오파바)의 김나지움(중·고등학교에 해당) 과정을 밟았다. 당시 오스트리아 제국에서는 대학에 들어가기 위해서 김나지움을 마친 후 2년간 철학 공부를 해야 했다. 하지만 아버지가 영주가 시키는 강제노동을 하다가 허리를 다치는 바람에 멘델의 철학 공부 비용을

　　　　　　　　세상에서 가장 쉬운 과학 수업 DNA 구조

감당할 수 없었다. 다행히 멘델의 여동생이 결혼 지참금의 일부를 멘델의 학비로 내준 덕분에 멘델은 올뮈츠(지금의 체코 올로모우츠)의 철학 연구소에서 대학 진학을 위한 철학 공부를 할 수 있었다. 올뮈츠에서 생활에 대해 멘델을 다음과 같이 말했다.

좌절감에서 생긴 고통과 막연한 미래에 대한 근심 걱정이 나를 괴롭혔다. 그로 인해 나의 몸은 병들어갔다.

— 멘델

멘델은 올뮈츠에서 푹스 교수로부터 수학을 배웠다. 이때 배운 수학이 훗날 멘델의 유전법칙을 수식화하는 데 도움을 주게 된다. 하지만 형편이 어려운 멘델은 대학에 진학할 수가 없었고, 1843년 고향 근처에 있는 소도시인 모라비아의 브륀(지금의 체코 브르노)에 있는 성 토머스 수도원에 들어가 그레고리오라는 수도명을 받았다.

견습 수도사로 지내는 동안 멘델은 수도회에서 운영하는 신학교에서 신학을 공부하며 여가에는 식물과 광물에 관해 연구했다. 그는 특히 브륀 경제에 중요한 목축과 과일 경작에 관심을 가졌다. 수도원장인 나프는 멘델을 위해 수도원 내에 정원을 만들어주었다.

1847년 멘델은 로마가톨릭 사제 서품을 받아 정식 수도사가 되었고 이듬해에는 지역 교구의 신부가 되었다. 당시 지역 교구의 신부는 가난한 교구민들을 돌보는 일을 맡고 있었는데, 멘델은 그들의 아픔을 함께 괴로워하면서 신경과민에 걸리기도 했다. 이 모습을 본 수도

견습 수도사 생활을 하는 멘델(우측 원 안)

원장 나프는 멘델을 쯔라임에 있는 수도원 운영학교로 보냈다. 이 학
교의 임시 교사가 된 멘델은 신학과 수학, 자연사를 가르쳤다.

멘델은 정식교사가 되고 싶어 했다. 그러기 위해서는 교사자격증
시험에 통과해야 했다. 멘델은 독학으로 시험 준비를 했지만 물리학
과 기상학에서 합격을 받은 반면, 지질학과 동물학에서 불합격해 자
격시험에서 떨어졌다. 나프 수도원장은 멘델을 빈 대학으로 보내 교
사자격증 시험을 준비할 수 있게 배려했다. 이때 멘델의 나이는 29세
였다.

빈 대학에서 멘델은 물리학, 수학, 화학, 동물학, 식물학 등을 공부
했다. 빈 대학 졸업 후 멘델은 1853년 다시 수도원으로 돌아왔다. 그
후 14년 동안 브륀의 기술학교에서 물리학과 자연사를 가르쳤지만

세상에서 가장 쉬운 과학 수업 DNA 구조

정식 교사자격증은 끝내 취득하지 못했다.

멘델은 수년간 완두콩의 자가수분을 통해 얻은 통계 법칙을 1865년 자연과학협회에서 투고했다. 이 논문은 1866년에 발표되었다.[11] 하지만 멘델의 연구 결과는 생물학계에서 전혀 주목을 받지 못했다. 멘델의 법칙은 그가 죽은 후 35년이 지나 후배 생물학자들에 의해 주목을 받게 된다.

멘델은 생물학뿐만 아니라 기상학에서도 여러 업적을 남겼다. 그는 빈 기상 학회의 회원으로 매일 수도원에서 관측을 했다. 1857년 그는 기온, 강수량, 기압, 오존 수치 등을 기록해 1857년 자연과학협회에 발표했다.

1870년 멘델은 양봉 학회에 가입해 벌의 유전에 대해 연구했다. 하지만 식물과 다르게 동물의 유전원리를 알아내는 데는 실패했다.

멘델은 평생 독신으로 지냈지만 가족을 사랑했다. 그는 조카들과

---

11) Mendel, J. G.(1866), "Versuche über Pflanzenhybriden", Verhandlungen des naturforschenden Vereines in Brünn, Bd. IV für das Jahr, 1865, Abhandlungen: 3 – 47.

체스 게임을 하는 것을 좋아했고, 자신을 위해 결혼 지참금을 포기한 여동생의 세 아이가 공부할 수 있도록 학비를 대주었다.

멘델의 건강은 1883년부터 나빠지기 시작했고, 1884년 1월 6일 수도원에서 사망했다. 멘델의 유전법칙은 그 당시 세상에 알려지지 않은, 묻혀 있던 이론이었다.

멘델이 발견한 우열의 법칙 _ 우성 순종과 열성 순종을 교배하다

교수 멘델의 실험은 1850년부터 시작되었어. 그는 특정 형질이 어떻게 유전되는지를 알기 위해 완두콩의 인공 수분 실험을 시작했지. 유전이란 부모가 가지고 있는 특성이 자식에게 전해지는 현상을 말해.

멘델이 실험 재료로서 잘 맞는 조건을 갖췄다고 생각한 것이 완두콩이었다.

학생 형질이 뭐죠?

교수 어떤 생명체가 갖고 있는 모양이나 속성을 말해.

학생 특별히 완두콩을 사용한 이유가 있나요?

교수 멘델은 실험 재료로 적당한 몇 가지 조건을 생각했어.

첫째, 한 세대가 짧아야 한다.

둘째, 형질이 뚜렷해야 한다.

셋째, 교배가 쉬워야 한다.

넷째, 자가수분이 잘 되어야 한다.

다섯째, 한 번에 낳는 자손의 수가 많아야 한다.

멘델은 완두콩이 이러한 조건을 잘 갖췄다고 여겨 완두콩으로 실험을 했어.

학생 자가수분은 또 뭐죠?

교수 식물의 수술에서 꽃가루가 나와서 암술머리에 도착하는 현상을 수분이라고 불러. 이 중에서 한 그루의 식물 안에서 자기 꽃가루를 자기 암술머리에 붙이는 것을 자가수분이라고 불러.

멘델은 형질이 대립되는 한 쌍으로 나타나는 경우를 생각했다. 이러한 두 형질을 대립형질이라고 부른다. 멘델이 생각한 대립형질은 다음과 같다.

씨의 모양: 둥근 씨 와 주름진 씨

씨껍질의 색: 회갈색(grey-brown) 과 흰색과 무색

씨(떡잎)의 색: 노랑과 초록

꽃의 위치: 줄기 곁과 줄기 끝

콩깍지의 모양: 매끈한 것과 잘록한 것

콩깍지의 색: 초록과 노랑

줄기의 키: 큰 키와 작은 키

멘델은 둥근 씨 완두콩끼리 교배시켜 계속 둥근 씨만 나타나는 경우를 둥근 씨 순종이라고 불렀다. 그리고 순종이 아닌 경우를 잡종이라고 불렀다. 멘델은 오랜 시간 교배를 통해 순종을 발견할 수 있었다.

멘델은 둥근 씨 완두콩 순종과 주름진 씨 완두콩 순종을 교배했다. 그랬더니 자손은 항상 둥근 씨 완두콩이 되었다. 멘델은 이렇게 대립형질 중에서 다음 대에 나타나는 형질을 우성이라고 불렀고, 나타나지 않는 형질을 열성이라고 불렀다. 멘델은 둥근 씨 완두콩 순종과 주름진 씨 완두콩 순종을 교배해서 나온 완두콩을 잡종 1대라고 불렀다.

멘델의 생각에 따르면, 서로 다른 대립형질을 가진 두 순종 완두콩을 교배해 나온 잡종 1대는 대립형질 중 하나의 형질을 나타낸다. 멘델은 잡종 1대가 하나의 형질을 나타내지만 두 형질이 섞여 있다고 생각했다.[12]

멘델은 실험을 통해 다음과 같은 우성형질과 열성형질을 알아냈다.

---

12) 멘델은 당시 유전자에 대해 모르는 상태이므로 대립형질을 통해 논문을 기술했다.

세상에서 가장 쉬운 과학 수업 DNA 구조

씨의 모양: 둥근 씨(우성)와 주름진 씨 (열성)

씨껍질의 색: 회갈색(우성)과 흰색(열성)

씨(떡잎)의 색: 노랑(우성)과 초록 (열성)

꽃의 위치: 줄기 곁(우성)과 줄기 끝(열성)

콩깍지의 모양: 매끈한 것(우성)과 잘록한 것(열성)

콩깍지의 색: 초록(우성)과 노랑(열성)

줄기의 키: 큰 키(우성)와 작은 키(열성)

이렇게 멘델은 우성 순종과 열성 순종을 교배해 얻은 잡종 1대가 우성의 성질을 지닌다는 것을 알아냈는데, 이것을 멘델이 발견한 '우열의 법칙'이라고 부른다.

학생 우성형질은 잡종 1대에서 드러나는 형질이고, 열성형질은 잡종 1대에서 숨은 형질이라고 생각하면 되겠네요.

교수 좋은 해석이야.

멘델이 발견한 분리의 법칙 _ 우성형질을 지닌 잡종 1대끼리 교배하다

학생 잡종 1대와 잡종 1대를 교배하면 어떻게 되죠?

교수 그것이 바로 멘델이 시행한 두 번째 연구였어. 멘델은 우성형질만 드러난 잡종 1대끼리 교배하는 실험을 했어. 이렇게 얻어진 완두

콩을 잡종 2대라고 불러. 멘델은 잡종 2대에서 다음과 같은 결과를
얻었어.

1) 씨의 모양

둥근 씨···5,474, 주름진 씨···1,850

둥근 씨 : 주름진 씨 = 2.96 : 1

2) 씨껍질의 색

회갈색···705, 흰색···224

유색 : 무색 = 3.15 : 1

3) 씨(떡잎)의 색

노랑···6,022, 초록···2,001

노랑 : 초록 = 3.01 : 1

4) 꽃의 위치

줄기 곁···651, 줄기 끝···207

줄기 곁 : 줄기 끝 = 3.14 : 1

5) 콩깍지의 모양

매끈한 것···882, 잘록한 것···299

매끈한 것 : 잘록한 것 = 2.95 : 1

세상에서 가장 쉬운 과학 수업 DNA 구조

6) 콩깍지의 색

초록…428, 노랑…152

초록 : 노랑 = 2.82 : 1

7) 줄기의 키

큰 키…787, 작은 키…277

큰 키 : 작은 키 = 2.84 : 1

멘델은 이 실험을 통해 잡종 1대의 자가수정에서 나온 잡종 2대의 경우

(우성) : (열성) = 3 : 1

이 된다는 것을 알아냈다. 이 법칙은 멘델이 발견한 분리의 법칙이라고 부른다.

학생 멘델의 법칙이란 실험을 통한 법칙이었군요.

교수 맞아.

멘델은 형질에 대해 처음으로 문자를 도입했다. 그는 우성형질을 대문자로, 열성형질을 그에 대응되는 소문자로 썼다. 예를 들어 씨앗의 모양의 경우

A = 둥근 씨

a = 주름진 씨

라고 두었다. 멘델은 순종 둥근 씨는 A로, 주름진 둥근 씨는 a로 나타냈다. 그리고 이들의 잡종 1대는 Aa로 나타냈다. 그러므로 우열의 법칙은 다음과 같다.

멘델이 알아낸 우열의 법칙

분리의 법칙을 그림으로 그리면 다음과 같다.

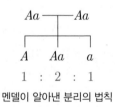

멘델이 알아낸 분리의 법칙

멘델은 잡종 2대의 표현을 다음과 같은 식으로 나타냈다.

$A + 2Aa + a$

여기서 Aa는 둥근 씨이므로

세상에서 가장 쉬운 과학 수업 DNA 구조

(둥근 씨) : (주름진 씨) = 3 : 1

이 된다.

멘델이 발견한 독립의 법칙 _ 두 종류 이상의 대립형질에 관한 유전법칙

교수 멘델이 발견한 우열의 법칙과 분리의 법칙은 한 종류의 대립형질에 적용되는 법칙이었어. 멘델이 그다음으로 뛰어든 실험은 두 종류 이상의 대립형질에 대한 유전법칙을 찾는 문제였어.

학생 예를 들면 씨의 모양과 씨의 색처럼 말이죠?

교수 맞아. 그게 멘델의 실험이었어. 그는 두 대립형질을 다음과 같이 문자로 나타냈어.

A = 둥근 씨

a = 주름진 씨

B = 노란 씨

b = 초록 씨

학생 둥글고 노란 씨는 AB로 나타내면 되고, 주름지고 초록색인 씨는 ab가 되는군요.

교수 맞아. 하지만 둥근 씨 중에서는 순종인 둥근 씨도 있고 잡종인 둥근 씨도 있어. 순종인 둥근 씨는 A이지만 잡종인 둥근 씨는 Aa가 되거든. 마찬가지로 순종인 노란 씨는 B이지만 잡종인 노란 씨는 Bb가 되지.

멘델은 두 종류의 대립형질은 서로 독립적이라는 것을 알아냈다. 이를 통해 그는 556개의 씨앗으로 실험해서 다음과 같은 결과를 얻었다.

(둥글고 노란 씨로 나타나는 경우)

AB: 38개
ABb: 65개
$Aa B$: 60개
$Aa Bb$: 138개

(둥글고 초록 씨로 나타나는 경우)

Ab: 35개
Aab: 67개

(주름지고 노란 씨로 나타나는 경우)

aB: 28개
aBb: 68개

(주름지고 초록 씨로 나타나는 경우)

ab: 30개

멘델은 이들 사이의 간단한 정수비를 찾아보았다. 그 결과는,

$AB : ABb : AaB : AaBb : Ab : Aab : aB : aBb : ab$

$= 1 : 2 : 2 : 4 : 1 : 2 : 1 : 2 : 1$

이 되었다. 멘델은 이것을 다음과 같이 나타냈다.

$AB + Ab + aB + ab + 2ABb + 2aBb + 2AaB + 2Aab + 4AaBb$

멘델은 이 식이

$(A + 2Aa + a)(B + 2Bb + b)$

의 전개에서 나온다는 것을 알아냈다. 따라서 멘델은

(둥글고 노란 씨) : (둥글고 초록 씨) : (주름지고 노란 씨) : (주름지고 초록 씨) = 9 : 3 : 3 : 1

이라는 것을 알아냈다. 이것을 멘델이 발견한 독립의 법칙이라고 부른다.

학생 멘델은 세 종류의 대립형질에 대해서도 실험했나요?

교수 물론. 멘델의 논문에 나와 있지.

멘델은 세 번째 대립형질을 다음과 같이 도입했다.

C = 회갈색 씨껍질
c = 흰 씨껍질

멘델은 639개의 완두콩으로 하는 실험을 통해 다음과 같은 값을 얻었다.

ABC: 8개	Abc: 14개	AbC: 9개
Abc: 11개	aBC: 8개	aBc: 10개
abC: 10개	abc: 7개	

$ABCc$: 22개	$AbCc$: 17개	$aBCc$: 25개
$abCc$: 20개	$ABbC$: 15개	$ABbc$: 18개
$aBbC$: 19개	$aBbc$: 24개	$AaBC$: 14개
$AaBc$: 18개	$AabC$: 20개	$Aabc$: 16개

$ABbCc$: 45개	$aBbCc$: 36개	$AaBCc$: 38개
$AabCc$: 40개	$AaBbC$: 49개	$AaBbc$: 48개
$AaBbCc$: 78개		

세상에서 가장 쉬운 과학 수업 DNA 구조

멘델은 이 실험결과를 다음과 같이 썼다.

$$ABC + Abc + AbC + aBC + aBc + abC + abc + 2ABCc + 2AbCc$$
$$+ 2aBCc + 2abCc + 2ABbC + 2Abbc + 2aBbC + 2aBbc +$$
$$2AaBC + 2AaBc + 2AabC + 2Aabc + 4BbCc + 4aBbCc +$$
$$4AaBCc + 4AabCc + 4AaBbC + 4AaBbc + 8AaBbCc$$

멘델은 이 식이

$$(A + 2Aa + a)\,(B + 2Bb + b)\,(C + 2Cc + c)$$

의 전개에서 나온다는 것을 알아냈다. 멘델은 세 가지 형질에 대해,

(둥글고 노란 씨-회갈색 씨껍질) : (둥글고 초록색 씨-회갈색 씨껍질) : (둥글고 노란 씨-흰색 씨껍질인 씨) : (주름지고 노란 씨-회갈색 씨껍질) : (둥글고 초록색 씨-흰 씨껍질) : (주름지고 노란 씨-흰 씨껍질) : (주름지고 초록색 씨-회갈색 씨껍질) : (주름지고 초록색 씨-흰 씨껍질)

= 27 : 9 : 9 : 9 : 3 : 3 : 3 : 1

이 된다는 것을 알아냈다.

멘델이 발견한 법칙의 부활 _ 드 브리스, 코렌스, 체르마크의 등장

교수 앞에서 얘기한 것처럼 멘델의 유전법칙은 멘델이 살아 있는 동안은 전혀 주목받지 못했어. 멘델이 죽은 지 35년 후인 1900년에 네덜란드의 식물학자 드 브리스, 독일의 식물학자 코렌스, 오스트리아의 식물학자 체르마크는 유전에 관한 연구를 하던 중 멘델의 논문을 발견하고는 이 내용을 세상에 알렸지. 이제 세 사람에 대해 알아볼게.

휴고 드 브리스(Hugo Marie de Vries, 1848~1935, 네덜란드)

드 브리스는 1848년에 할림(Haarlem)에서 태어났다. 그의 아버지는 변호사이자 1872년부터 1874년까지 네덜란드 총리를 역임했다. 드 브리스가 열네 살 되던 1862년, 그의 아버지가 네덜란드 국무원 의원이 되면서 드 브리스의 가족은 헤이그로 이주했다. 어릴 때부터 드 브리스는 식물학에 많은 관심을 보였고 할림과 헤이그의 김나지

움(우리나라의 중·고등학교에 해당)에 다니면서 식물 표본으로 여러 차례 상을 받았다.

1866년 드 브리스는 라이덴 대학 식물학과에 입학했다. 드 브리스는 1890년대에 여러 식물종의 교배를 통해 멘델의 분리의 법칙인 우성 : 열성 = 3 : 1의 결과를 얻었다. 1890년대 후반에 그는 멘델이 자신보다 훨씬 먼저 이 결과를 알아낸 것을 알게 되었다.

학생 코렌스는 어떤 사람이죠?
교수 이제 코렌스에 대해 소개할게.

카를 코렌스(Carl Erich Correns, 1864~1933, 독일)

코렌스는 1864년 9월 뮌헨에서 태어났다. 어려서 고아가 된 그는 스위스의 이모 밑에서 자랐다. 그는 1885년에 뮌헨 대학에 입학해 당시 최고의 생물학자인 내겔리(Carl Wilhelm von Nägeli, 1817~1891, 스위스)로부터 식물학을 공부하라는 권유를 받았다. 대학 졸업 후 그는 튀빙겐 대학에서 강사로 일했다. 1892년 튀빙겐 대학에 있는 동안 코렌스는 식물의 형질 유전에 대한 실험을 시작했다. 코렌스는 1900년 1월 25일 멘델의 논문을 인용한 첫 번째 논문을 발표했다.[13] 1913년 그는 베를린에 새로 설립된 카이저 빌헬름 생물학 연구소의 초대 소장이 되었다.

학생 이제 체르마크 차례네요.
교수 체르마크에 대해 이야기할게.

체르마크는 밀−호밀과 귀리 잡종을 포함하여 몇 가지 새로운 질병 저항성 작물을 개발한 오스트리아의 농업 경제학자다. 그는 1896년에 독일 할레 대학에서 박사 학위를 받았고 빈 농업과학 대학 교수가 되었다. 그 역시 멘델의 업적을 재발견한 논문을 1900년 6월에 발표했다.

에리히 체르마크(Erich Tschermak, 1871~1962, 오스트리아)

---

13) Correns, Carl(1900), "G. Mendel's Regel über das Verhalten der Nachkommenschaft der Rassenbastarde", *Berichte der Deutschen Botanischen Gesellschaft*. 18 : 158−168.

학생 세 과학자가 멘델의 법칙을 부활시켰군요.

교수 맞아. 이들은 멘델이 말한 형질 대신에 유전자라는 용어를 사용했어. 그리고 유전자는 쌍으로 존재한다고 생각했지. 멘델은 순종 둥근 씨를 *A*로 나타냈지만 이들은 순종 둥근 씨가 한 쌍의 유전자를 가지므로 이들을 *AA*라고 표현했어. 마찬가지로 순종 주름진 씨는 *aa*라고 표현했지. 그러므로 완두콩은 세 가지의 유전자형 *AA*, *Aa*, *aa*를 가지게 되고 이들 중 *AA*, *aa*는 순종, *Aa*는 잡종이라고 설명했지.

학생 유전자라는 단어가 처음 탄생하는군요.

교수 맞아. 코렌스는 유전자가 세포핵 속에 있는 염색체 안에 존재할 거라고 생각했어.

중간유전의 발견 _ 우열 관계가 불완전한 형질 사이의 유전

교수 이번에는 1903년 독일의 코렌스가 발견한 중간유전에 대해 알아볼게.

학생 중간유전은 처음 들어보는데요?

교수 코렌스는 빨간 분꽃과 흰 분꽃을 교배했어.

학생 잡종 1대에서는 빨간 분꽃이 나오거나 흰 분꽃이 나오겠네요.

교수 멘델이 알아낸 우열의 법칙을 따르면 그렇게 되지. 하지만 실험 결과는 달랐어. 분홍 분꽃이 나타났거든.

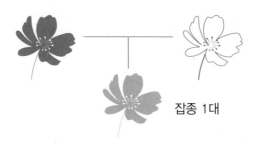

잡종 1대

학생 빨간색과 흰색의 중간색이 나타났군요.

교수 맞아. 이러한 유전을 중간유전이라고 불러.

학생 왜 중간유전이 일어나죠?

교수 빨강과 흰색 사이의 우열 관계가 불완전하기 때문이야.

　빨간색을 나타내는 유전자를 R, 흰색을 나타내는 유전자를 W라고 하면, 빨간색 분꽃(RR)에서는 유전자형이 R인 생식세포가 만들어지고, 흰색 분꽃(WW)에서는 유전자형이 W인 생식세포가 만들어지는데, 이들이 수정되어 형성된 잡종 1대의 유전자형은 RW이다. 유전자 R과 W 사이의 우열 관계가 불완전하므로 RW의 표현형은 분홍색이 된다.

학생 잡종 1대를 자가수분하면 어떻게 되죠?

교수 잡종 1대의 분홍색 분꽃(RW)을 자가수분시켜 얻은 잡종 2대에서는 빨간색(RR) : 분홍색(RW) : 흰색(WW) = 1 : 2 : 1의 비율로 나타나.

세상에서 가장 쉬운 과학 수업 DNA 구조

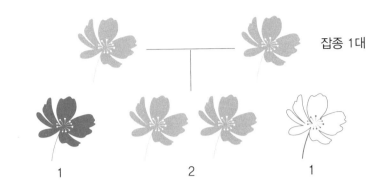

잡종 1대

1   2   1

이것을 멘델처럼 수식으로 나타내면

$$(R + W) \times (R + W)$$

$$= RR + 2RW + WW$$

이 되고, 이들 계수를 읽으면

$$1 : 2 : 1$$

이 되지.

학생 유전의 법칙은 수학과 관계가 있네요.

교수 물론.

유전의 염색체설 _ 헤르트비히, 보베리, 서턴의 연구들

교수 이제 유전과 염색체의 관계를 알아낸 과학자들의 이야기를 해볼게. 처음 등장하는 과학자는 독일의 헤르트비히야.

오스카르 헤르트비히(Oscar Hertwig,1849~1922, 독일)

1876년 독일 베를린 대학의 헤르트비히 교수는 성게를 연구하여 정자와 난자의 결합으로 수정이 일어난다는 것을 증명했다. 그는 이 과정에서 염색체의 수가 반으로 줄어들어 정자 세포와 난자 세포를 만드는 감수분열이 일어나고, 정자 세포와 난자 세포의 결합으로 다시 원래의 염색체 수가 된다는 것을 알아냈다.

1902년 보베리 역시 유전과 염색체 문제를 연구했다.

세상에서 가장 쉬운 과학 수업 DNA 구조

테오도어 보베리(Theodor Heinrich Boveri, 1862~1915, 독일)

보베리는 광학 현미경을 사용하여 동물 난자 세포의 수정과 관련된 과정을 조사했다. 그는 성게를 집중적으로 연구했는데, 성게의 적절한 배아가 발달하기 위해서는 모든 염색체가 존재해야 한다는 것을 알아냈다. 성게 알에 대한 오랜 실험을 통해 그는 또한 다양한 염색체가 서로 다른 유전적 구성을 포함하고 있다는 것을 알아냈다.

1903년에 서턴 역시 유전과 염색체 사이의 관계를 연구했다.

1903년 서턴은 유전자와 염색체의 행동을 비교해 체세포의 염색체는 상동염색체끼리 짝을 짓고 있다는 것을 알아냈다.

학생 상동염색체가 뭐죠?

월터 서턴(Walter Stanborough Sutton, 1877~1916, 미국)

교수 체세포의 핵에 있는 모양과 크기가 같은 염색체를 말하는데, 2개씩 짝을 이루고 있어.

성염색체의 발견 _ 스티븐스, Y염색체를 발견하다

교수 염색체 중에서 성 결정에 관계하는 성염색체라고 불러. 성염색체 이외의 염색체는 보통염색체 또는 상염색체라고 불러. 성염색체는 종에 따라 또는 암수에 따라 차이가 있으나, 보통염색체는 동일한 것이 1쌍씩 있어. 사람의 경우에는 모두 23쌍의 염색체가 있는데, 이중 22쌍은 보통염색체이고, 나머지 한 쌍이 성염색체야.

성염색체에는 X염색체와 Y염색체가 있다. X염색체에서 X는 '여분의'라는 뜻을 가진 'extra'에서 따온 이름이다. 날벌레의 정소에서 X염색체를 처음 발견한 헤르만 헨킹(Hermann Henking, 1858~1942, 독일)이 지은 이름이다.

학생 Y염색체는 누가 발견했죠?
교수 Y염색체는 1905년 브린 마 칼리지(Bryn Mawr College)의 스티븐스가 발견했어.[14]

---

14) NM Stevens(1905), "A Study of the Germ Cells of Aphis rosae and *Aphis oenotherae*," *Journal of Experimental Zoology* 2(3) : 313-334.

네티 마리아 스티븐스(Nettie Maria Stevens, 1861~1912, 미국)

스티븐스는 1861년 7월 7일 미국 버몬트주 캐번디시에서 태어났다. 1863년 그녀의 어머니가 사망한 후 아버지는 재혼했고 가족은 매사추세츠주 웨스트포드로 이사했다. 그녀의 아버지는 목수로 일했다.

스티븐스는 학창시절 공부를 잘했고 1880년 졸업 후 뉴햄프셔주에서 동물학, 생리학, 수학, 영어 및 라틴어를 가르쳤다. 3년 후, 그녀는 학업을 계속하기 위해 버몬트주로 돌아와 웨스트필드 주립 대학(Westfield State University)에 입학해 4년 과정을 2년 만에 수석 졸업했다. 1896년 스티븐스는 새로 설립된 스탠퍼드 대학에 입학해 1900년에 생물학 석사 학위를 받았다. 그 후 그녀는 브린마워 대학(Bryn Mawr College) 박사 과정에 등록해 원시 다세포 유기체의 재생, 단세포 유기체의 구조, 정자와 난자의 발달, 곤충의 생식세포, 성게와 벌레의 세포 분열 등을 연구해 박사 학위를 취득했다.

학위를 받은 후 스티븐스는 1901년부터 2년 동안 이탈리아 나폴리에 있는 동물학 연구소에서 해양 생물 연구를 하다가 독일 뷔르츠

부르크 대학의 동물학 연구소로 옮겼다. 1903년 미국으로 돌아온 그녀는 브린마워 대학으로 자리를 옮겨 죽을 때까지 그 대학에서 연구했다.

1905년 스티븐스는 진딧물의 생식세포를 사용하여 두 성별 사이의 염색체의 차이를 조사했다. 스티븐스는 생식세포에 대한 실험을 통해 염색체가 발달 과정에서 성별을 결정하는 역할을 한다는 결론을 내렸다. 그녀는 곤충 염색체 관찰을 통해 일부 종에서는 성별에 따라 염색체가 다르고 정자 형성에서 염색체 분리가 발생하면 이러한 차이가 암컷 대 수컷 자손의 결과로 이어진다는 사실을 발견했다. 그녀의 발견은 염색체의 관찰 가능한 차이가 표현형 또는 신체적 특성(즉, 개인이 남성인지 여성인지)의 관찰 가능한 차이와 연결될 수 있다는 것을 처음으로 발견한 것이다.

그녀는 다양한 곤충을 이용해 연구를 계속했다. 그녀는 거저리에서 Y염색체로 알려진 작은 염색체를 확인하고 이 염색체가 성별을 결정한다는 것을 알아냈다. 스티븐스는 수컷은 XY염색체를 가지고, 암컷은 XX염색체를 가진다는 것을 알아냈다.

스티븐스는 거저리에서 Y염색체가 성별을 결정한다는 것을 알아냈다.

진딧물, 거저리, 딱정벌레, 파리의 알 조직과 수정 과정을 연구하면서 스티븐스는 XY염색체 쌍이 존재하고 쌍을 이루지 않은 XO염색체도 발견했다.

스티븐스가 실제로 사용한 현미경(사진 왼쪽)과 연구 중인 스티븐스

모건의 초파리 실험 _ 초파리의 눈 색깔을 결정하는 것은?

교수 이번에는 초파리 실험으로 유명한 모건에 대해 이야기해볼게.

모건은 미국 켄터키주 렉싱턴에서 태어났다. 그의 삼촌은 남북전쟁 당시 남부 연합군의 장군이었고 그의 증조할아버지는 미국 국가의 작곡자로 모건은 명문가의 자손이었다.
어린 시절 모건은 나비를 잡거나 화석을 수집하는 일을 좋아했고

토머스 헌트 모건(Thomas Hunt Morgan, 1866~1945,
미국, 1933년 노벨 생리의학상 수상)

십 대 때 모건은 켄터키산 지리학 조사에 참여하기도 했다. 모건은 켄
터키 주립 대학에서 동물학을 공부해 1886년 수석 졸업했다. 졸업 후
모건은 매사추세츠주 아니스쾀에 있는 해양 생물학 학교에서 여름을
보낸 후 존스 홉킨스 대학에서 동물학 대학원 과정을 시작했다.

모건은 지도교수인 브룩스(William Keith Brooks)와 함께 실험
작업을 하고 여러 출판물을 집필했다. 1889년과 1890년 여름 동안 모
건은 매사추세츠주 우즈 홀(Woods Hole)에 있는 해양 생물 연구소
(Marine Biological Laboratory)에서 수집한 바다거미의 배아에 관
한 논문 작업을 완료하여 다른 절지동물과의 계통발생학적 관계를
확인했다. 바다거미는 생김새가 게나 바닷가재 같은 갑각류처럼 보
였지만 모건은 발달 단계별 해부학적 연구를 통해 바다거미가 갑각
류보다 거미에 더 가깝다고 결론지었다. 이 연구로 모건은 박사 학위
를 취득했다.

세상에서 가장 쉬운 과학 수업 DNA 구조

1891년 모건은 브린마워 대학의 교수가 되었다. 이때부터 그는 해양동물의 발생학을 연구했다. 그는 줄무늬따개비, 개구리, 우렁쉥이 등을 연구했다. 그 외에도 모건은 성게 알이 수정 후 분열되면서 여러 기관으로 분화된 성체로 발달하는 과정을 연구했다.

1897년 모건은 《개구리 알의 발달》이라는 첫 책을 출간했다. 그 후 1901년에는 《재생》이라는 책을 출간했다. 이 책에서 그는 불가사리가 한쪽 다리를 잃으면 새로운 다리가 다시 자라나는 예를 통해 몸이 재생되는 과정과 수정란의 발생학적 발달 과정을 다루었다.

1904년 모건은 콜롬비아 대학으로 자리를 옮겼다. 이 대학에서 모건은 환경과 유전 중에서 어느 것이 생물의 발생 과정에 더 큰 영향을 미치는지를 알아보기 위해 바다성게를 연구했다. 그 결과, 환경보다는 유전의 영향이 더 크다는 사실을 알아냈다.

1908년 모건은 본격적으로 유전에 대한 연구를 시작했다. 그가 선택한 모델 생물은 노랑초파리였다.

모건이 유전에 대한 연구 대상으로 삼은 노랑초파리

학생 노랑초파리를 택한 이유가 있나요?

교수 초파리는 한 세대가 2주 정도로 짧고, 기르기 쉽고, 연구실 유지 비용도 적게 들기 때문이었지. 게다가 초파리는 단지 네 쌍의 염색체만을 가지고 있거든.

모건의 대학원생 페인(Fernandus Payne, 1881~1977, 미국)은 초파리를 어둠 속에서 길러서 장님 초파리로 만드는 연구를 하고 있었다. 그는 이 연구에서 성공하지 못했지만, X선을 쪼였을 때 돌연변이가 일어나는 것을 발견했다. 모건은 페인을 자신의 연구에 동참시켜 초파리의 돌연변이를 연구하기 시작했다.

연구 중인 모건(사진 왼쪽)과 그의 실험실

1910년 모건의 실험실에서 흰 눈 초파리가 태어났다. 정상적인 초파리의 눈 색은 붉은색이었다. 모건은 흰 눈 초파리 수컷과 붉은 눈

세상에서 가장 쉬운 과학 수업 DNA 구조

초파리 암컷을 교배시켰다. 교배로 태어난 초파리의 눈 색은 모두 붉은색이었고 수컷과 암컷이 반반 나타났다. 모건은 초파리의 경우 붉은 눈이 우성, 흰 눈이 열성이라는 것을 알아냈다. 모건은 교배로 태어난 붉은 눈 초파리 암컷과 수컷을 교배시켰고, 그 결과, 붉은 눈 초파리의 수와 흰 눈 초파리의 수는 3 : 1 이 된다는 멘델의 분리의 법칙을 재확인했다. 그런데 놀라운 일이 벌어졌다.

학생 어떤 놀라운 일이죠?
교수 이렇게 태어난 흰 눈 초파리 중에 암컷은 한 마리도 없고 모두 수컷뿐이라는 사실이야.

이 실험 결과를 통해 모건은 X염색체에 초파리의 눈 색깔을 결정하는 유전자가 있다고 생각했다.

학생 왜 그래야 하는지 잘 모르겠어요.
교수 멘델의 방법처럼 설명해볼게.

붉은 눈을 만드는 X염색체를 X_r이라고 쓰고, 흰 눈을 만드는 X염색체를 X_w라고 할게. 모건이 처음 교배시킨 암컷의 염색체는 $X_r X_r$이고 수컷의 염색체는 $X_w Y$가 돼. 그러니까,

$$(X_r + X_r)(X_w + Y)$$

$$= 2\,X_rX_w + 2\,X_rY$$

이 되어 잡종 1대의 암컷 붉은 눈 초파리의 염색체는

$$X_rX_w$$

이 되고, 수컷 붉은 눈 초파리의 염색체는

$$X_rY$$

이 돼. 이제 잡종 2대를 계산해볼게.

$$(X_r + X_w)(X_r + Y)$$

$$= X_rX_r + X_rX_w + X_rY + X_wY$$

여기서 X_rX_r와 X_rX_w는 붉은 눈 초파리 암컷을, X_rY는 붉은 눈 초파리 수컷을 나타내고, X_wY는 흰 눈 초파리 수컷을 나타내. 이 식에서 염색체 X_wX_w는 나타나지 않으니까 흰 눈 초파리 암컷은 나타나지 않지.

학생   이제 이해가 돼요.

혈액형의 발견 _ 란트슈타이너, 수혈이 가능한 경우를 알아내다

교수 이번에는 혈액형의 발견에 대해 이야기할 거야.

학생 A, B, O, AB를 말하는 건가요?

교수 맞아. 사람의 혈액형을 그런 식으로 분류하는 것을 ABO 혈액형이라고 부르는데, 이것을 처음 알아낸 사람은 오스트리아의 의사 란트슈타이너야.

카를 란트슈타이너(Karl Landsteiner, 1868~1943, 오스트리아-미국, 1930년 노벨 생리의학상 수상)

유대인 가정에서 태어난 란트슈타이너는 빈 중등학교를 졸업한 후 빈 대학에서 의학을 공부하고 1891년에 박사 학위를 받았다. 그는 학생 시절에 음식이 혈액 구성에 미치는 영향에 대한 에세이를 발표하기도 했다. 1891년부터 1893년까지 란트슈타이너는 독일 뷔르츠부르크 대학과 뮌헨 대학, 스위스 취리히 대학에서 의학과 화학을 공부했다.

빈으로 돌아온 후 그는 하이제닉 인스티튜트(Hygienic Institute)
에서 그루버(Max von Gruber)의 조수가 되어 면역 메커니즘과 항체
의 성질을 연구했다. 1897년 11월부터 1908년까지 그는 빈 대학 병
리-해부학 연구소에서 조교로 근무하면서 혈청학, 세균학, 바이러스
학 및 병리학 해부학 문제를 다루는 75편의 논문을 발표했다. 게다가
그는 그 10년 동안 약 3,600건의 부검을 했다. 1911년에 그는 병리해
부학 부교수가 되었다. 그 기간 그는 소아마비의 전염성을 발견하고
소아마비 바이러스를 분리했다.

학생 란트슈타이너는 어떻게 혈액형을 알아냈죠?
교수 1900년 이전에 상처에 의한 혈액 손실을 보충하기 위해 수혈이
시행되었어. 처음에는 동물의 피를 사람에게 수혈했는데, 이 과정에
서 수혈받은 사람들이 많이 죽었어.

1901년 란트슈타이너는 서로 다른 사람의 혈청을 시험관에서 섞
었을 때 서로 응집될 수도 있고 그렇지 않은 경우도 있다는 것을 알아
냈다. 그는 두 혈청이 응집되지 않을 때 수혈이 가능하다는 것을 알아
냈다. 그는 혈액 속 적혈구 표면에 있는 항원과 혈청 속에 있는 항체
를 통해 인간의 혈액형을 A형, B형, O형[15], AB형으로 분류했다.

---

15) 처음에 란트슈타이너는 O형을 C형이라고 명명했다.

세상에서 가장 쉬운 과학 수업 DNA 구조

학생 혈청이 뭐죠?

교수 인간의 혈액에서 적혈구, 백혈구, 혈소판을 제외한 부분을 혈장이라고 하고, 혈장에서 섬유소원을 제거한 나머지를 혈청이라고 해.

학생 항원과 항체가 어떻게 혈액형을 결정하죠?

교수 A형은 적혈구 표면에 A형 항원(응집원 A)을 가지고 있고, B형은 적혈구 표면에 B형 항원(응집원 B)을 가지고 있어. 적혈구 표면에 두 항원을 모두 가지고 있으면 AB형이고, 항원을 가지고 있지 않으면 O형이 되지. 한편 혈청 속에는 항체가 들어 있는데, A형은 항B형 항체(응집소 β)를 가지고 있고 B형은 항A형 항체(응집소 α)를 가지고 있어. O형은 이 두 항체를 모두 가지고 있고, AB형은 항체를 가지고 있지 않아.

학생 수혈과 혈액형의 관계는 어떻게 되죠?

교수 수혈은 적혈구 표면의 항원이 중요해. O형인 사람은 항원이 없기 때문에 모든 혈액형의 사람들에게 수혈이 가능해. 하지만 A형인 사람은 A형 항원을 가지고 있으니까 항A형 항체를 가진 사람에게 수혈하면 안 돼. 그 경우 두 혈액은 응집이 되니까.

학생 항A형 항체를 가지지 않은 사람은 A형과 AB형이군요.

교수 맞아. 그래서 A형은 A형과 AB형에게 수혈이 가능하지만 O형이나 B형에게는 수혈이 불가능해.

학생 B형은 B형과 AB형에 수혈이 가능하군요.

교수 맞아. AB형은 두 항원을 모두 가지고 있으니까 항체가 없는 AB형에게만 수혈할 수 있어. 반대로 O형은 항원이 없으니까 모든 혈액형에 수혈할 수 있지.

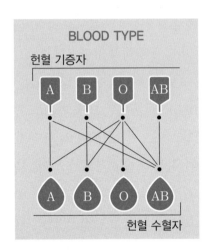

학생 혈액형이 발견되어 안전한 수혈이 이루어졌겠네요.

교수 맞아. 란트슈타이너의 연구 결과를 바탕으로 1907년 뉴욕의 마운트 시나이(Mount Sinai) 병원에서 루벤 오텐버그(Reuben Ottenberg)가 최초의 성공적인 수혈을 수행했지.

학생 혈액형의 유전도 멘델의 법칙을 따르나요?

교수 혈액형의 우성인자는 두 개(A와 B)이고 열성인자는 O 한 개이기 때문에 중간유전 방식으로 유전의 법칙을 따르게 돼. 결국 A, B, O 세 개의 유전자형이 만드는 대립유전자형은,

AA, AO, BB, BO, AB, OO

이 돼. 그러므로 대립유전자형이 AA, AO인 경우는 A형, 대립유전자형이 BB, BO인 경우는 B형이 되고, 대립유전자형이 OO인 경우는 O형, 대립유전자형이 AB인 경우는 AB형이 되지.

이제 혈액형의 유전에 대해 알아보자. 엄마가 AO형이고 아빠가 BO형인 경우를 보자. 이 경우 자녀의 혈액형을 구하는 방법은 인수분해를 사용하면 된다.

$(A + O) \times (B + O)$

$= AB + AO + BO + OO$

따라서 엄마가 AO형이고 아빠가 BO형인 경우 자녀의 혈액형은 모든 혈액형이 가능하다.

엄마가 AO형이고 아빠가 AO형인 경우를 보자.

$(A + O) \times (A + O)$

$= AA + 2AO + OO$

즉 엄마가 AO형이고 아빠가 AO형인 경우 자녀의 혈액형은 A형 또는 O형이 가능하다.

학생 유전은 수학과 밀접한 관계가 있다는 걸 처음 알았어요.

X선 결정학과 DNA 구조 발견

X선의 발견 _ 뢴트겐, 아내의 손뼈를 X선으로 찍다

교수 이제 DNA의 모습을 알아내는 데 결정적인 역할을 하게 되는 X
선에 대한 이야기를 할 거야. X선은 1895년 독일의 물리학자 빌헬름
콘라트 뢴트겐(Wilhelm Conrad Röntgen, 1845~1923 독일, 1901년
노벨 물리학상 수상)이 발견했어.

학생 병원에서 뼈가 부러졌는지 확인할 때 찍는 X선 사진을 말하는
거죠?

교수 맞아. 뢴트겐이 발견한 X선은 단단한 곳은 투과하지 못하지만
부드러운 곳은 투과하는 성질이 있어. 그래서 사람 몸속의 단단한 부
분인 뼈의 사진을 찍을 수 있는 거지. 최초의 손뼈 X선 사진은 뢴트겐
아내의 사진이었어. 뢴트겐이 X선을 발견한 후 의사들은 X선이 사람

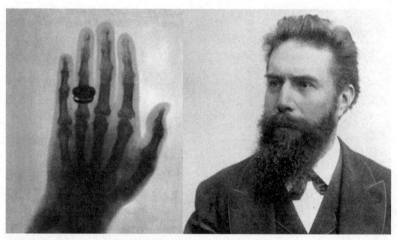

X선(사진 왼쪽)을 발견한 독일의 물리학자 뢴트겐

세상에서 가장 쉬운 과학 수업 DNA 구조

몸속의 뼈 사진을 찍을 수 있는 좋은 의료기기가 될 것을 확신했지. 이때부터 독일의 정형외과에서는 X선을 이용해 골절을 확인할 수 있게 되었어.

학생 X선의 정체는 뭐죠?

교수 X선은 빛이야. 빛은 우리 눈에 보이는 가시광선과 눈에 보이지 않는 빛으로 나눌 수 있어. 눈에 보이지 않는 대표적인 빛은 적외선과 자외선이지. 뢴트겐이 발견한 X선도 눈에 보이지 않는 빛이라는 것이 과학자들에게 의해 알려졌어. X선은 자외선보다도 파장이 작아서 눈에 보이지 않고 투과성이 있는 빛이지. 이 사실을 알아낸 사람은 독일의 물리학자 막스 폰 라우에(Max Theodor Felix von Laue, 1879~1960, 독일, 1914년 노벨 물리학상 수상)야. 라우에는 X선이 어떤 구멍을 통과하면서 회절 무늬가 생긴다는 것을 알아내고, 이것이 전자기파(빛)라는 파동이라는 것을 알아냈지. 이를 통해 라우에는 X선이 파장이 약 10^{-10}(m) 정도[16]인 전자기파(빛)라는 것을 알아냈고 이 업적으로 1914년 노벨 물리학상을 받았어.

노벨상을 공동 수상한 브래그 부자 _ X선을 이용한 결정구조를 알아내다

교수 이제 최초로 아버지와 아들이 함께 노벨상을 수상한 브래그 부

---

16) 0.0000001밀리미터이다.

자의 이야기를 해보자.

학생 아버지와 아들이 공동 연구를 한 건가요?

교수 맞아. 먼저 아버지 윌리엄 브래그에 대해 알아볼게.

윌리엄 브래그(Sir William Henry Bragg, 1862~1942, 영국)

윌리엄 브래그는 영국 웨스트와드(Westward)에서 태어났다. 그의 아버지는 상인이자 농부였다. 윌리엄 브래그가 7살 때 어머니가 돌아가셨고, 윌리엄 브래그는 삼촌에 의해 양육되었다.

윌리엄 브래그는 킹 윌리엄스 칼리지(King William's College)의 그래머스쿨(Grammar School, 영국의 인문계 중등학교)에서 교육을 받았고, 전시회에서 우승하고 케임브리지 대학 트리니티 칼리지에 입학해 수학 경시대회에서 1등 상을 받고 졸업했다.

1885년 23세의 나이에 윌리엄 브래그는 호주 애들레이드 대학의 수학 및 물리학 교수로 임명되었다. 윌리엄 브래그의 강의는 인기가 있었고 그의 수업에 과학 교사들이 참석했다.

세상에서 가장 쉬운 과학 수업 DNA 구조

윌리엄 브래그는 물리학 중에서도 전자기학에 관심이 많았다. 1895년에 그는 어니스트 러더퍼드(Ernest Rutherford)를 처음 만나 그 후로 두 사람의 우정이 계속되었다. 윌리엄 브래그는 뢴트겐의 X선 발견에 큰 관심을 보였다. 윌리엄 브래그는 1896년 X선 장치를 손수 만들었다. 그는 뢴트겐 아내의 손뼈 촬영처럼 청중들 앞에서 자신의 X선 촬영을 했다.

1895년 초에 윌리엄 브래그는 무선 전신에 대해 연구하고 있었지만 대중 강연과 시연은 나중에 그의 노벨상으로 이어질 X선 연구에 초점을 맞췄다. 1897년 9월 21일 윌리엄 브래그는 공공 교원 연합 회의의 주관으로 애들레이드 대학에서 열린 회의에서 무선 전신의 작동에 대한 최초의 기록 공개 시연을 했다.

윌리엄 브래그의 X선 장치

1897년 12월에 윌리엄 브래그는 애들레이드를 떠나 1898년 내내 12개월의 휴가를 보내며 영국과 유럽을 여행했고, 이 기간 마르코니를 방문하여 그의 무선 시설을 견학했다. 그는 1899년 3월 초에 애들레이드로 돌아왔고 1899년 5월 13일에 브래그는 무선 송수신 실험을 했다.

무선 전신 다음으로 윌리엄 브래그가 관심을 보인 것은 X선과 방사선 연구 쪽이었다. 그는 1904년 12월에 방사선에 관한 두 편의 논문을 완성했다.[17]

1908년 윌리엄 브래그는 호주를 떠나 영국으로 돌아갔다. 윌리엄 브래그는 1909년부터 1915년까지 리즈 대학에서 캐번디시 물리학과 교수직을 맡았다. 그는 X선에 대한 연구를 계속하여 많은 성공을 거두었다. 그는 X선 분광계를 발명했고 당시 케임브리지 대학의 연구생이었던 그의 아들 로런스 브래그와 함께 X선 회절을 이용한 결정 구조 분석인 X선 결정학이라는 새로운 과학을 창시했다.

1915년 윌리엄 브래그는 런던 유니버시티 칼리지의 물리학과 교수로 임명되었고 1915년 7월에 그는 해군성이 설립한 발명 및 연구 위원회에 임명되었다. 영국 해군은 보이지 않는 잠수함 U보트에 의한 침몰을 막기 위해 고군분투하고 있었다. 윌리엄 브래그는 방향성 수중 청음기를 개발했고 영국 해군은 이를 이용해 독일의 잠수함 U보트의 위치를 포착할 수 있게 되었다. 1918년 1월 윌리엄 브래그는

---

17) [1] On the Absorption of α Rays and on the Classification of the α Rays from Radium
    [2] On the Ionization Curves of Radium

세상에서 가장 쉬운 과학 수업 DNA 구조

영국 대잠수함 사단의 과학 연구 책임자가 되었고, 제1차 세계 대전이 끝날 무렵 영국 선박에는 음파 탐지기가 장착되었다. 전쟁이 끝난 후 윌리엄 브래그는 유니버시티 칼리지 런던으로 돌아와서 결정 분석 작업을 계속했다.

1923년부터 윌리엄 브래그는 영국 왕립 연구소의 화학 교수이자 데이비 패러데이 연구소의 소장이었다. 그는 이곳에서 일반인과 어린이들을 위한 크리스마스 강연을 했다.

학생 이제 아들 브래그 이야기를 해주세요.
교수 윌리엄 브래그의 아들인 로런스 브래그의 이야기를 해볼게.

윌리엄 브래그의 강연 모습

로런스 브래그(Sir William Lawrence Bragg, 1890~1971, 영국)

　로런스 브래그는 호주 애들레이드에서 윌리엄 브래그의 아들로 태어났다. 1900년에 로런스 브래그는 퀸스 스쿨(Queen's School)의 학생이었고, 16세에 애들레이드에 있는 세인트 피터스 대학(St. Peter's College)에서 수학, 화학, 물리학을 공부하고 1908년에 졸업했다. 같은 해에 그의 아버지는 리즈 대학의 캐번디시 물리학 교수직을 수락했고 로런스 브래그는 가족과 함께 영국으로 갔다. 1909년 로런스 브래그는 케임브리지 트리니티 칼리지에 입학했고 대학 시절 수학에서 두각을 나타냈다. 그는 도중에 물리학으로 전공을 바꿔 1911년에 우등으로 졸업했다. 로런스 브래그는 조개껍데기를 수집하는 취미가 있었다. 그의 개인 수집품은 약 500종의 표본에 달했다.

　로런스 브래그는 제1차 세계 대전 초기에 왕립 기마 포병대에서 레스터셔 포대 중위로 임관했고 1915년에 왕립 공병대에 파견되어 적 포병의 발사 위치를 파악하는 방법을 개발했다. 전쟁 중 세운 공로로 그는 전공 십자 훈장(Military Cross)을 수여받았고 대영제국 훈장 장교로 임명되었다. 이 해에 로런스 브 래그는 아버지 윌리엄 브래그와 함께 X선 을 이용한 결정구조를 알아낸 공로로 노벨 물리학상을 수상했다. 이때 로런스 브래그 의 나이는 고작 25세였다.

전공 십자 훈장(Military Cross)

1919년부터 1937년까지 로런스 브래그 는 맨체스터 빅토리아 대학에서 물리학과 교수로 재직했고, 1937년에 국립 물리 연구소의 소장이 되었다. 제2 차 세계 대전 후 로런스 브래그는 케임브리지로 돌아와 캐번디시 연 구소 연구 그룹을 지휘했다. 노벨상을 받은 후에도 로런스 브래그와 윌리엄 브래그 부자의 공동 연구는 지속되었다. 아버지는 유기 결정 을 연구하고 아들인 로런스 브래그는 무기 화합물을 연구하기로 합 의했다. 1920년대 후반에 그들은 데이터에 푸리에 변환을 사용하여 결정을 분석했다.

러더퍼드가 사망하고 로런스 브래그는 캐번디시 연구소 소장이 되 었다. 로런스 브래그는 X선의 회절 패턴의 해석을 개선하기 위해 노 력했다. 그는 X선을 이용해 거대한 생물학적 분자의 구조를 볼 수 있 다는 생각을 가지게 되었다. 그는 X선 회절을 이용해 헤모글로빈의 모습을 볼 수 있었다.

제2차 세계 대전 중에는 잠시 연구를 멈추고 군사적 목적의 연구 에 몰두했다. 전쟁이 끝난 후 로런스 브래그는 국제 결정학 연합의 결 성을 주도했고 초대 회장으로 선출되었다. 그는 X선과 전자 현미경을 모두 사용하여 금속 구조에 집중했다. 1947년에 그는 X선을 이용해 단백질 구조를 연구하는 연구팀을 꾸렸다.

X선 연구로 노벨상을 받은 또 한 명의 과학자는 칼 만네 예오리 시그반(Karl Manne Georg Siegbahn, 1886~1978, 스웨덴, 1924년 노벨 물리학상 수상)이다. 그는 X선 분광학에 관한 연구로 노벨 물리학상을 받았다.

X선 결정학 _ 브래그 부자, 회절무늬를 분석하다

교수 이제 우리는 브래그 부자가 연구한 X선 결정학에 대해 이야기할 거야.

학생 결정이 뭐죠?

교수 결정은 영어로 'Crystal'이라고 하는데, 원자, 이온, 분자 등이 일정한 규칙에 의해 배열되어 있는 고체를 말해.

브래그 부자는 결정에 X선을 쪼여서 나온 튀어나온 X선을 조사하면 결정이 어떤 모습으로 생겼는지를 알 수 있다는 것을 알아냈다. 브래그는 다음 그림과 같이 원자들이 주기적으로 배열되어 있는 곳에 X선을 쪼이는 경우를 생각했다.

세상에서 가장 쉬운 과학 수업 DNA 구조

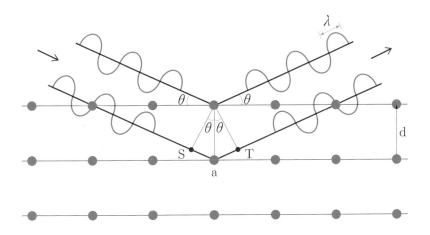

이때 결정의 맨 윗면에서 반사된 X선과 결정의 두 번째 면에서 반사된 X선을 비교하면, 두 번째 면에서 반사된 X선이 더 긴 거리를 이동하게 된다. 즉 윗면에서 반사된 X선과 두 번째 면에서 반사된 X선이 이동한 거리의 차는 SQ의 길이와 QT의 길이의 합이 된다. 이때 SQ의 길이와 QT의 길이는 같고 그 길이는 $d\sin\theta$가 되므로 두 번째 면에서 반사된 X선은 맨 윗면에서 반사된 X선보다 $2d\sin\theta$만큼 더 이동한다. 이때 이 거리가 X선의 파장의 정수배가 되면 보강간섭이 되어, 회절현상이 발생한다. X선의 파장을 λ라고 하면 보강간섭이 일어나는 조건은,

$$2d\sin\theta = n\lambda$$

이고 여기서 n은 정수이다. 이러한 회절은 밝고 어두운 무늬로 관찰되는데, 밝은 부분은 보강간섭이 일어난 곳을, 어두운 부분은 소멸간

섭이 일어난 부분을 나타낸다. 이것을 회절무늬라고 부른다. 브래그 부자는 회절무늬를 분석하여 결정의 격자들 사이의 거리를 알아냈다. 이렇게 X선을 결정에 쪼여서 결정을 이루는 격자점들 사이의 거리를 알아내는 것을 'X선 결정학'이라고 부른다. 브래그 부자는 X선 결정학의 창시자로 이 업적으로 노벨 물리학상을 공동 수상했다.

브래그 부자의 X선 결정학 덕분에 물질을 결정으로 만들면 결정의 구조를 알아낼 수 있는 길이 열렸다. 물질의 구조를 규명하는 분야는 물리뿐만이 아니었다. X선 결정학은 광물학자, 화학자, 생물학자들의 관심을 끌기 시작했다. 브래그 부자의 연구를 통해 단순 금속 결정에서 복잡한 단백질의 구조까지 알 수 있게 됐기 때문이다.

핵산의 발견 _ 미셔, 세포핵 속에 있는 산을 발견하다

교수 이제 우리는 핵산의 발견에 대한 이야기를 할 거야. 먼저 생물학자 미셔의 이야기로 시작할게.

미셔는 아버지와 삼촌이 모두 바젤 대학 해부학 교수였다. 미셔는 어렸을 때 수줍음이 많았지만 총명했다. 미셔는 아버지의 영향을 받아 바젤 대학에서 의학을 공부했다. 1865년 여름, 그는 괴팅겐 대학교의 유기화학자 아돌프 슈테커 밑에서 일했지만 장티푸스로 인해 청각 장애를 겪게 되면서 연구가 중단되었다.

세상에서 가장 쉬운 과학 수업 DNA 구조

요하네스 프리드리히 미셔(Johannes Friedrich Miescher, 1844~1895, 스위스)

　미셔는 자신의 부분적인 난청 때문에 의사의 길을 포기하고 생리화학자가 되었다. 그는 원래 림프구를 연구하고 싶었지만 림프구는 연구하기에 충분한 수를 얻기 어려워, 펠릭스 호페−자일러 교수의 권유로 호중구 연구 쪽으로 방향을 돌렸다.

학생 호중구가 뭐죠?

교수 호중구는 영어로는 'neutrophile'이라고 쓰는데, 중성을 좋아한다는 뜻이지. 호중구는 혈액 속의 백혈구 중, 염색이 되는 정도가 중간 정도인 과립구(granulocyte)를 말해.

　미셔는 세포핵의 화학에 관심을 가졌다. 호중구는 고름의 주요 및 첫 번째 구성 요소 중 하나로 알려져 있으며, 인근 병원에서 붕대를 통해 쉽게 얻을 수 있었다. 그러나 문제는 붕대를 손상하지 않고 붕대에서 세포를 씻어내는 것이었다.

미셔는 황산나트륨 용액으로 세포를 여과했다. 당시에는 원심분리기가 없었기 때문에 세포를 비커 바닥에 가라앉게 두었다. 그런 다음 그는 세포질이 없는 핵을 분리하려고 했다. 그는 정제된 핵을 산성화하여 뉴클레인(현재 DNA로 알려짐)이라고 부르는 침전물을 얻었다. 그는 이것이 인과 질소를 포함하고 있지만 황은 포함하지 않는다는 것을 발견했다. 1889년에 알트만(Richard Altmann, 1852~1900, 독일)은 미셔가 발견한 뉴클레인을 핵산(nucleic acid)이라고 불렀다.

학생 세포핵 속에 있는 산이니까 핵산이라고 부르는군요.
교수 맞아. 대표적인 핵산에는 DNA와 RNA가 있어. 핵산에 대한 연구는 코셀에 의해 발전되었어.

알브레히트 코셀(Ludwig Karl Martin Leonhard Albrecht Kossel, 1853~1927, 독일, 1910년 노벨 생리의학상 수상)

세상에서 가장 쉬운 과학 수업 DNA 구조

코셀의 아버지는 상인이자 프로이센 영사였다. 코셀은 로스톡 김나지움(Rostock Gymnasium)을 다녔고 그곳에서 화학과 식물학에 상당한 관심을 보였다. 1872년에 코셀은 의학을 공부하기 위해 스트라스부르크 대학에 다녔다. 그는 당시 독일에서 유일한 생화학 과장이었던 펠릭스 호페-자일러 밑에서 공부했다. 그는 1877년 독일 의사 면허 시험에 합격했다.

대학 공부를 마친 후 코셀은 펠릭스 호페-자일러의 연구 조교로 스트라스부르크 대학으로 돌아왔다. 코셀은 미셸이 발견한 뉴클레인이 단백질 성분과 비단백질 성분으로 구성되어 있음을 알아내고 이 중 비단백질 성분인 핵산을 분리했다. 그는 핵산이 강한 산성을 나타내는 것을 발견했다.

1883년 코셀은 스트라스부르크를 떠나 베를린 대학 생리학 연구소의 화학과장이 되었다. 코셀은 핵산에 대한 이전 작업을 계속했다. 1885년에서 1901년 사이에 그는 핵산에서 아데닌, 시토신, 구아닌, 티민, 우라실의 다섯 가지 핵염기를 분리했다.

1895년에 코셀은 마르부르크 대학의 생리학 교수이자 생리학 연구소 소장이었다. 1896년에 그는 히스티딘을 발견했고, 차와 코코아콩에서 자연적으로 발견되는 치료 약물인 테오필린을 처음으로 분리했다.

학생 핵산은 무엇으로 이루어져 있나요?

교수 핵산은 모든 생명체에 필수적인 생체고분자야. 핵산은 뉴클레오타이드 단위체로 구성되어 있어.

학생 뉴클레오타이드가 뭐죠?

교수 인산, 5탄당, 핵 염기의 3가지 구성 성분으로 이루어진 단위체를 말해.

학생 인산이 뭐죠?

교수 인산은 인과 수소와 산소의 화합물로 화학식은 H_3PO_4이지.

학생 5탄당은요?

교수 탄소 원자 다섯 개로 이루어진 단당류를 말해. 핵산에는 두 종류가 있어. RNA와 DNA이지.

학생 어떤 차이가 있죠?

교수 RNA(리보핵산)는 5탄당이 리보스이며, DNA(디옥시리보핵산)는 5탄당이 디옥시리보스야. 핵염기인 아데닌, 구아닌, 사이토신은 DNA와 RNA에 공통적으로 존재하지만, 티민은 DNA에만, 유라실은 RNA에만 존재하지.

핵산은 모든 생체분자들 중에서 가장 중요하다. 핵산은 모든 생명체에서 풍부하게 발견되며, 지구상에 있는 모든 생물의 세포에서 유전 정보를 저장하고 전달하는 역할을 한다. 핵산은 세포의 기능 수행에 필요한 세포핵 내부와 외부의 정보를 전달하고 발현하는 기능을 하며, 궁극적으로 다음 세대의 자손에게 유전 정보를 전달한다. 암호화된 정보는 핵산의 염기서열을 통해 저장되고 전달된다.

세상에서 가장 쉬운 과학 수업 DNA 구조

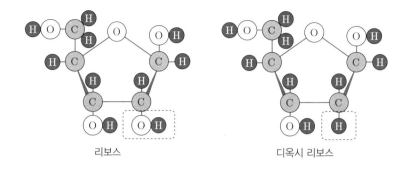

리보스   디옥시 리보스

1909년에 레빈(Phoebus Levene)은 RNA의 염기, 당, 인산을 확인했고 1929년 디옥시리보스 당을 확인했다. 1928년 그리피스 (Frederick Griffith)는 그의 실험에서 "매끄러운" 형태의 폐렴구균

의 특성이 죽은 "매끈한" 박테리아와 살아 있는 "거친" 형태를 혼합함으로써 동일한 박테리아의 "거친" 형태로 옮겨질 수 있음을 발견했다. 이것은 DNA가 유전 정보를 전달한다는 최초의 명확한 제안을 제공했다. 1933년 처녀 성게 알을 연구하던 중 브라쳇(Jean Brachet)은 DNA는 세포핵에서 발견되고 RNA는 세포질에만 존재한다고 제안했다. 1937년에 애스트버리(William

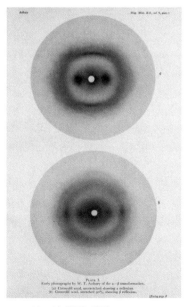

DNA의 X선 회절 사진

Astbury)는 DNA가 규칙적인 구조를 가지고 있음을 보여주는 최초의 X선 회절 사진을 찍었다. 그리고 샤가프(Erwin Chargaff)는 현재 샤가프의 규칙(Chargaff's rule)으로 알려진 법칙을 발표했는데, 이는 유기체의 모든 종의 DNA에서 구아닌의 양은 시토신과 같아야 하고 아데닌의 양은 티민과 같아야 한다는 것이다.

DNA 구조를 밝혀낸 네 명의 과학자 _ 크릭, 윌킨스, 프랭클린, 왓슨

교수 이제 DNA 구조를 밝혀낸 네 명의 과학자 이야기를 할 거야. 첫 번째로 소개할 과학자는 크릭이야.

프랜시스 크릭(Francis Harry Compton Crick, 1916~ 2004, 영국, 1962 노벨 생리의학상 수상)

크릭은 1916년 영국 노샘프턴주의 웨스턴 파벨에서 태어났다. 크릭의 부모는 제화업과 여러 개의 소매점을 운영하고 있었다. 유복한

세상에서 가장 쉬운 과학 수업 DNA 구조

환경에서 태어난 크릭은 어릴 때부터 백과사전을 달달 외울 정도로 영리했다.

크릭은 런던 밀힐 학교(Mill Hill School)에 다녔다. 학창 시절 크릭은 수학과 물리학과 화학에서 두각을 나타냈다. 그는 유리병 폭탄을 만들어 교사들을 놀라게 하는 바람에 교사들이 늘 경계하는 학생이었다.

1934년 크릭은 옥스퍼드 대학과 케임브리지 대학의 입학 시험에 떨어지고 런던 대학(University College London) 물리학과에 입학했다. 그는 대학 시절 100℃와 150℃ 사이에서 압력이 가해질 때 물의 점성을 측정하는 연구를 했다. 그러나 1939년 독일의 영국 침공으로 크릭의 연구실이 사라져 크릭의 연구는 더 이상 이어지지 않았다. 1940년부터 6년 동안 크릭은 해군 임시직으로 일하면서 지뢰에 관한 연구를 했다.

해군 임시직으로 일하던 초기에 크릭은 물리학자 매시(Harrie Stewart Wilson Massey, 1908~1983, 오스트레일리아)를 만나 그로부터 에르빈 슈뢰딩거(Erwin Rudolf Josef Alexander Schrödinger, 1887~1961, 오스트리아, 1933년 노벨 물리학상 수상)의 책 《생명이란 무엇인가》를 빌려보게 되었다. 이것이 물리학자 크릭이 생물학에 관심을 두게 되는 첫 번째 동기가 되었다.

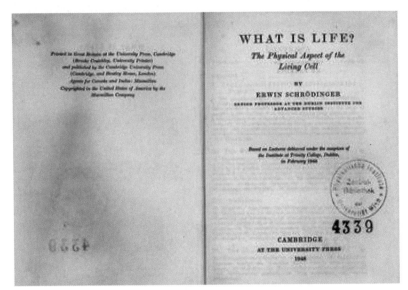

《생명이란 무엇인가?》는 크릭이 생물학에 관심을 두는 계기가 된 책이다.

매시는 같은 책을 킹스 칼리지 의학 연구위원인 윌킨스에게도 빌려주었는데, 매시는 윌킨스와 크릭의 관심사가 같으므로 한 번 만나보는 것이 좋겠다고 제안했다. 매시의 제안대로 두 사람은 처음 만나게 되었고 유전자의 구조와 기능에 대해 의견을 나누면서 친구가 되었다.

해군 임시직을 마친 크릭은 X선을 이용하여 분자구조를 알 수 있다는 걸 알았기에 X선을 이용해 단백질과 바이러스의 구조를 연구한 X선 결정학자 버널(J. Bernal)의 연구실에 지원했지만 거절당했다. 그 후 1947년부터 1949년까지 크릭은 케임브리지 대학의 스트레인지웨이스 연구소에서 일했다. 이때 크릭은 X선을 쪼이면 DNA 용액

세상에서 가장 쉬운 과학 수업 DNA 구조

의 점성이 약해진다는 사실을 알아냈다.

학생 크릭은 물리학자인데 생물학을 연구했네요.
교수 맞아. 두 번째 중요한 과학자는 윌킨스야.

프레더릭 윌킨스(Maurice Hugh Frederick Wilkins, 1916~2004, 뉴질랜드, 1962 노벨 생리의학상 수상)

윌킨스는 1916년 뉴질랜드 폰가로아(Pongaroa)의 산악 지대에서 태어났다. 그의 아버지는 소아과 의사였다. 1929년 윌킨스의 가족은 영국 버밍엄으로 이사했다. 이곳에서 윌킨스의 아버지는 소아과 의사로 일하고 윌킨스는 킹 에드워드 학교에 다녔다. 1935년 윌킨스는 케임브리지 세인트존스 칼리지에 입학해 물리학을 공부했다.

케임브리지를 졸업한 윌킨스는 1937년 버밍엄 대학에서 대학원 공부를 계속했다. 윌킨스는 물리학자 랜들(John Randall)의 실험실에서 1938년부터 1940년까지 인광을 연구하여 학위를 받았다. 1944

년 윌킨스는 버밍엄 폭탄 연구소에서 연합군의 맨하튼 프로젝트를 돕는 연구를 수행했다. 전쟁이 끝난 후 윌킨스는 런던 킹스 칼리지의 물리학과 교수가 되었다.

윌킨스와 그의 두 딸

윌킨스는 초음파를 이용해 DNA에 변화를 주는 연구를 했고, 적외선과 자외선을 이용해 DNA를 현미경을 볼 수 있는 연구를 수행했지만 DNA의 모습을 보는 데는 실패했다.

1950년 초반 윌킨스는 스위스 베른 대학의 유기화학자 지그너(Rudolf Signer, 1903~1990, 스위스)로부터 이소프로필알콜[18]과 소금을 적당히 섞어 유리병에 보존한 DNA 표본을 얻었다. 이 표본은 콧물처럼 보이는 끈적거리는 금 같은 모양이었다. 윌킨스는 이 표본으로부터 X선 회절에 필요한 10마이크로미터에서 30마이크로미

---

18) 분자식 C_3H_8O인 화학 약품으로, 무색이며 인화성을 가지는 약품.

세상에서 가장 쉬운 과학 수업 DNA 구조

터 정도 되는 섬유 결정을 만들었다. 윌킨스와 그의 대학원생 고슬링
(Raymond Gosling, 1926~2015, 영국)은 이 DNA 결정의 X선 회절
사진을 발견했다.

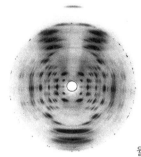

월킨스와 고슬링이 찍은 DNA의 X선 회절 사진

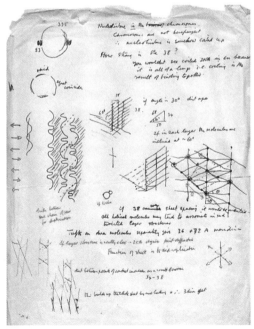

윌킨스의 연구 노트

학생 윌킨스도 물리학자이군요.

교수 맞아. 세 번째 등장하는 과학자는 여성 과학자 프랭클린이야.

로절린드 프랭클린
(Rosalind Elsie Franklin, 1920~1958, 영국)

프랭클린은 런던 노팅 힐에서 태어났다. 그녀의 가족은 부유하고 영향력 있는 유대인 가족이었다. 그녀의 아버지 엘리스 프랭클린은 런던의 은행 직원이었다. 그녀의 아버지의 삼촌은 허버트 사무엘로, 1916년 영국의 내무장관을 지낸 영국 내각 최초의 유대인이었다.

어린 시절 프랭클린은 주변을 잘 관찰하고 통찰력 있는 판단을 하는 아이였다. 그녀는 자신을 업신여기거나 자신을 부당하게 대우하는 것을 참지 않는 성격이었다.

1930년 초 프랭클린은 린도레스 여자 기숙학교를 다니다가 런던의 세인프 폴 여학교로 전학했다. 그녀는 과학, 라틴어, 스포츠에서 탁월한 소질을 드러냈다. 프랭클린은 1938년에 케임브리지 대학의 뉴넘 컬리지(Newnum college)에 진학해 화학을 공부했다.

세상에서 가장 쉬운 과학 수업 DNA 구조

케임브리지 대학의 뉴넘 컬리지

젊은 시절의 프랭클린

　뉴넘 칼리지에서 프랭클린을 가르쳤던 조교 중 한 명은 후에 프랭
클린의 동료가 되는 분광학자 프라이스였다. 프랭클린은 다양한 분
야의 강의를 들었고, 그곳에서 결정학의 아버지인 윌리엄 브래그를
만날 수 있었다. 그것을 계기로 그녀는 결정학에 관심을 가지기 시작
했다.

1941년에 프랭클린은 최종 시험에서 우등 졸업으로 통과해 연구 장학생으로 선정되었고 로널드 노리시 교수(Ronald Norrish, 1967년 노벨화학상 수상)의 실험실에서 연구를 수행했다. 여자를 무시하는 노리시 교수의 밑에서 공부하는 것은 프랭클린에게 힘든 나날이었다.

노리시 교수님의 악명에 그럴 만한 이유가 있다는 것을 깨닫고 있어요. 저는 완전히 교수님의 눈 밖에 났어요. 교수님은 자신의 말에 무조건 동의하는 학생을 좋아하는데, 저는 그런 눈먼 동의에는 동의할 수 없어요.

– 1941년 프랭클린이 부모님께 보낸 편지 중에서

노리시 교수와 갈등을 겪던 프랭클린은 케임브리지에서 박사 학위 과정 연구 학생으로 남을지 아니면 다른 정부 부처에서 전쟁과 관련된 일을 해야 할지 결정해야 했다. 프랭클린은 전쟁과 관련된 일을 하기 위해 런던에 있는 영국 석탄 이용 연구소로 자리를 옮겼다. 이 연구소에서는 각 대학에서 대학원생 물리학자들을 차출해 숯과 석탄에 대한 연구를 진행하고 있었다. 이 연구소에서는 각 연구원에게 전쟁 전에는 불가능했을 창의적 연구를 하도록 허용했다. 그녀는 왜, 어떤 종류의 석탄은 물이나 공기를 통과시키지 않는지에 대해 영국과 아일랜드 여러 지방에서 채취한 석탄과 무연탄을 가지고 실험했다. 풍부한 실험 도구와 함께 그녀는 자신에게 국제적 명성을 가져

다줄 이론을 발달시키게 된다. 그녀는 다공성 석탄을 연구했는데, 이 것은 1945년에 프랭클린이 케임브리지로부터 박사 학위를 받을 수 있게 한 그녀의 박사 논문 〈The physical chemistry of solid organic colloids with special reference to coal〉의 기반이 되었다.

프랭클린의 연구는 화학자들의 관심을 끌었다. 프랑스의 화학자 바일 교수는 그녀의 연구를 높이 평가했고, 그녀의 지속적인 연구를 위해 그녀를 파리 국립 화학 중앙연구소의 메링(J. Mering)에게 추천 했다. 결정학자인 메링은 프랭클린에게 X선 회절을 이용해 석탄, 목 탄, 흑연의 미세 구조와 다공성을 분석하는 임무를 맡겼다.

연구소에서의 생활은 프랭클린이 당시 가장 인기를 끄는 기술인 X 선 회절 분석을 배울 기회였다. 하지만 X선 결정 분석은 쉬운 일이 아 니었다. 제대로 분석하기 위해서는 분자의 결정구조가 균일하고 크 기가 커야 했다. 또한 결정의 입체적인 모습을 보기 위해서는 단 하 나의 X선 사진으로는 불가능하고 수백 개의 각도로 회전하면서 수백 장의 X선 사진을 찍어야 했다. 프랭클린은 이 회절 사진들로부터 결 정의 이미지를 만드는 것, 즉 X선 회절 분석을 석탄이 흑연으로 변화 할 때의 원자 배열 문제에 적용했다. 이 연구로 프랭클린은 여러 논문 을 썼고 여러 학회에 참여하면서 명성을 얻었다.

학생 프랭클린은 화학자이군요.
교수 맞아. 이번에 등장하는 과학자는 생물학자 왓슨이야.

제임스 왓슨(James Dewey Watson, 1928~, 미국)

왓슨은 1928년 4월 6일 미국 일리노이주의 시카고에서 태어났다. 왓슨은 어려서부터 공부를 잘했고 책도 많이 읽었다. 왓슨이 좋아했던 책은 《세계 연감(World Almanac)》이라는 책이었다. 이 책을 열심히 읽은 왓슨은 1942년 어린이 퀴즈 대회인 '퀴즈 키즈(Quiz Kids)'에 출연했다. 3주 동안 승승장구하던 왓슨은 루스 더스킨이라는 소녀에게 져서 더 이상 이 프로그램에 출연할 수 없었다.

어린이 퀴즈 대회에 출연한 왓슨 (사진 가운데).

중등학교를 졸업한 왓슨은 시카고 대학 부설 실험학교에 다녔다. 왓슨은 이 학교를 조기 졸업하고 15살의 나이에 시카고 대학에 입학했다. 입학 당시 새를 좋아하는 그는 조류를 연구

세상에서 가장 쉬운 과학 수업 DNA 구조

하고 싶어 했지만 1947년에 동물학 학사로 졸업했다.

대학을 졸업한 왓슨은 인디애나 대학에서 박사 과정을 밟았다. 인디애나 대학은 유전학 연구의 중심지로 X선을 이용해 초파리의 유전자 변이를 연구한 유명한 생물학자 멀러(Herman Muller, 1946년 노벨 생리의학상 수상) 교수가 있었다. 또 한 명의 유명한 생물학자는 루리아(Salvador Luria, 이탈리아, 1969년 노벨 생리의학상 수상)로 그는 박테리아를 공격하는 박테리오파지[19]를 연구했다. 박테리오파지는 살아 있는 세포를 감염시키고 복제하면서 존재한다. 복제가 빨라서 단 몇 시간만으로도 박테리오파지의 유전학을 추적할 수 있다는 장점이 있었다.

박테리오파지

루리아 교수는 초파리를 이용한 유전학 연구보다는 파지를 이용한

---

19) 박테리아를 숙주세포로 하는 바이러스

연구가가 앞으로 대세가 될 거라고 생각했다. 루리아 교수와 그의 제자인 델브뤼크(Max Ludwig Henning Delbrück, 1906~1981, 독일, 1969년 노벨 생리의학상 수상)는 파지를 연구하는 모임을 만들었는데, 이를 파지 그룹이라고 불렀다.

파지를 연구하는 파지 그룹. 오른쪽에서 두 번째가 델브뤼크.

왓슨은 루리아 교수의 소개로 델브뤼크를 만났고 그와 평생 학문적 우정을 나누었다. 왓슨의 첫 연구 주제 역시 파지에 관한 것이었다. 그는 X선으로 비활성화된 파지가 유전적인 재조합을 이루는 것이 가능한가 하는 의문으로 파지에 대한 첫 연구를 시작했다. 1949년 왓슨은 X선을 이용해 여러 형태의 변이 파지를 확인했다. 이 해 왓슨은 시카고에서 열린 파지 그룹 모임에서 코펜하겐 대학의 칼카르(Herman Kalckar, 1908~1991, 덴마크) 교수를 만났고 이 인연으로 그는 박사 후 과정을 칼카르가 소장으로 있는 세포 생리학 연구소

세상에서 가장 쉬운 과학 수업 DNA 구조

에서 밝게 되었다. 이 시기에 왓슨은 동료 연구자 말뢰(Ole Maaløe, 1914~1988)와 함께 방사선을 이용해 박테리오파지의 DNA를 연구했다.

DNA 구조 발견 전쟁 _ 캐번디시 연구소와 킹스 칼리지 연구팀의 합의

학생 DNA의 모습은 누가 알아낸 거죠?

교수 이제 그 이야기를 하려고 해. 때는 1951년. DNA의 역사에서 가장 중요한 해야. 앞에서 등장한 네 명의 과학자 크릭, 윌킨스, 프랭클린, 왓슨이 만나게 되는 해이기도 하지.

학생 두 명의 물리학자와 한 명의 화학자와 한 명의 생물학자네요.

교수 이 이야기의 시작은 나폴리 동물학 연구소에서 시작돼.

나폴리 동물학 연구소는 1872년 찰스 다윈과 안톤 도른(Anton Dohrn)이 설립했다. 나폴리만의 풍부한 해양 생물과 온화한 기후 때문에 이 연구소는 많은 생물학자에게 인기 있는 연구소가 되었다. 이 연구소의 1층에는 거대한 수족관이 있어 일반인들의 방문도 많았지.

왓슨은 칼카르와 함께 이해 4월 나폴리 동물학 연구소에 체류했다. 왓슨이 이 연구소에 있는 동안 가장 중요한 순간은 5월 22일부터 25일까지 열린 '원형질의 극미소 구조'라는 제목의 학회였다. 이 학회에서 왓슨은 애스트버리의 DNA의 X선 회절 사진과 윌킨스의

DNA의 X선 회절 사진을 처음으로 보게 되었다. 애스트버리의 사진에 비해 윌킨스의 X선 회절 사진은 훨씬 선명했다. 왓슨은 DNA의 구조가 질서정연한 모습이어야만 이러한 회절 사진을 설명할 수 있을 거라 생각했다.

왓슨은 X선 결정학에 대한 공부를 더 해야 정확한 DNA의 구조를 알아낼 수 있다고 생각했다. 그해 9월 왓슨은 X선 결정학의 메카인 케임브리지 대학으로 옮겼다.

제가 케임브리지로 옮겨야겠다고 결심한 이유는 DNA 분자의 복잡한 구조를 규명하려면 뛰어난 물리학자들의 도움이 필요하다고 생각했기 때문입니다. X선 결정학 실험으로 유명한 물리학자들이 많은 케임브리지 대학 캐번디시 연구소는 저의 연구에 큰 도움이 될 것입니다. 제 연구의 반은 생물학, 반은 물리학 연구인데, 상당한 수준의 수학도 필요해 보입니다. 지금의 저는 물리학과 수학을 새로 공부해야 하는데 그러기에는 이곳이 적격입니다.

― 왓슨이 부모님에게 보낸 편지 중에서

케임브리지에서 왓슨의 첫 연구는 산소를 운반하는 근육 단백질인 미오글로빈의 3차원 구조 연구였다. 미오글로빈은 척추동물 대부분의 근육 속에 있는 단백질로, 헤모글로빈과 유사하면서도 그 구조는 더 단순한 철과 산소로 결합된 분자였다.

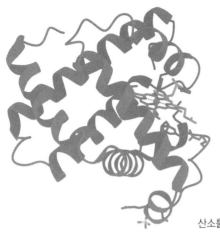

산소를 운반하는 근육 단백질, 미오글로빈

왓슨이 케임브리지 캐번디시 연구소에서 만난 첫 번째 물리학자는 크릭이었다. 연구소에서 수다쟁이로 통하는 크릭은 당시 X선을 이용해 단백질 구조를 연구하고 있었다. 왓슨은 자신의 연구에 크릭의 물리학이 중요한 역할을 할 거라는 것을 알았고 이때부터 두 사람은 가까워졌다. 크릭은 왓슨에게 틈틈이 X선 결정학이라는 물리학을 가르쳐주었다. 하지만 이 당시 왓슨과 크릭은 DNA의 구조에 대해서는 조금도 알지 못하는 상태였다.

캐번디시 연구소에서 왓슨과 크릭이 의기투합했을 때 킹스 칼리지에서는 두 과학자가 손을 잡고 DNA의 구조에 대한 연구를 하고 있었다. 한 명은 물리학자 윌킨스이고 다른 한 명은 화학자 프랭클린이다. 윌킨스는 자신이 찍은 DNA의 X선 회절 사진으로부터 DNA가 세 개의 사슬이 꼬여 있는 삼중나선 구조일 거라고 생각했다. 하지만 DNA

킹스 칼리지 도서관. DNA 구조 발견은 킹스 칼리지 연구팀과 캐번디시 연구소의 합의가 도출해낸 결과였다.

세상에서 가장 쉬운 과학 수업 DNA 구조

의 정확한 구조를 알아내기 위해서는 더 많은 X선 사진이 필요했다. 이 일은 프랭클린의 몫이었다.

프랭클린의 첫 번째 임무는 최상의 X선 사진을 찍기 위한 방사선 사진 장비를 구매하는 것이었다. 프랭클린이 선택한 새로운 장비는 에렌베르크(Werner Ehrenberg)와 스피어(Walter Spear)가 개발한 미세초점 X선 튜브였다. 프랭클린은 이 정도의 장비라면 DNA의 섬유 한 가닥을 촬영할 수 있다고 생각했다.

킹스 칼리지에서 프랭클린의 삶은 최악이었다. 킹스 칼리지 곳곳에 여성 혐오와 여성 비하의 징후가 있었기 때문이었다. 킹스 칼리지의 휴게실은 남성 연구원들만이 이용할 수 있었고 식당도 남성용과 여성용으로 분리되어 있고, 여성들의 식당은 남성들의 식당에 비해 여건이 좋지 않았다.

윌킨스와 프랭클린은 더 좋은 결정 사진을 얻기 위해 DNA에 수분을 흡수시키는 수화 과정을 생각하고 있었다. 윌킨스가 작업대 위로 몸을 숙이고 조심스럽게 유리 막대에 기다란 섬유 표본을 감는 동안 프랭클린은 못마땅한 표정을 지었다. 윌킨스의 물통을 확인해본 프랭클린은 이 방법으로는 DNA를 수화시키기 힘들다고 생각했다. 그녀는 윌킨스에게 수소가스를 카메라 실 안에 넣고 가스가 염분 용액으로 적셔지도록 하면 원하는 X선 사진을 얻을 수 있을 거라고 주장했다. 하지만 윌킨스는 프랭클린의 제안을 반대하고 현미경을 이용해 DNA 연구를 계속했고, 프랭클린은 DNA의 X선 회절 사진 분석을 계속했다. 이때부터 두 사람은 연구에 대한 의견 차이가 생기기 시작했고 두 사람은 독립적으로 DNA 구조를 밝히기 위해 실험에 매달렸다.

프랭클린은 파리에서 필요한 실험 도구들을 더 주문했다. 그녀는 기울어지는 초소형 카메라를 설계하고 제작했다. 그녀는 동료인 고즐링과 함께 카메라 내부 습도를 유지하는 일에 착수했다. 이러한 노력으로 프랭클린과 고즐링은 DNA의 선명한 X선 사진을 찍는 데 성공했다.

프랭클린과 왓슨의 만남은 1951년 11월 21일에 이루어졌다. 킹스칼리지를 방문한 왓슨은 이날 오후 3시 핵산 학회에 참석했다. 세 명이 발표자였는데, 첫 번째 발표자는 윌킨스, 두 번째 발표자는 스톡스, 세 번째 발표자는 프랭클린이었다. 윌킨스는 DNA가 단일 나선 구조라는 주장을 했다. 프랭클린은 DNA 구조를 규명하는 유일한 방법은 X선 회절 사진을 분석하는 것이라는 점을 강조했다. 그러기 위해서는 더 많은 DNA의 X선 회절 사진을 모으는 것이 필요하다고 그녀는 주장했다. 프랭클린의 강연을 들은 왓슨은 그녀와는 조금 다른

옥스퍼드 대학

세상에서 가장 쉬운 과학 수업 DNA 구조

생각을 가졌다. 대부분의 연구 시간을 DNA의 X선 회절 사진을 모으는 것에 거부감을 느꼈기 때문이었다.

킹스 칼리지 학회 다음 날 왓슨은 런던 패딩턴 역에서 크릭을 만났다. 크릭과 함께 옥스퍼드 대학을 방문하기 위해서였다. 왓슨은 그날 처음 옥스퍼드 대학을 방문했다.

왓슨과 크릭이 옥스퍼드에 간 목적은 X선 결정학자 호지킨을 만나기 위해서였다. 호지킨은 X선을 이용해 페니실린의 분자구조를 밝힌 과학자였다.

도러시 호지킨(Dorothy Mary Crowfoot Hodgkin, 1910~1994, 영국, 1964년 노벨화학상 수상)

호지킨은 27개의 원자로 이루어진 단순한 분자인 페니실린의 구조를 밝히는데도 수년의 세월이 걸렸다는 이야기를 두 사람에게 들려주었다. 왓슨과 크릭보다 앞서 프랭클린은 자신이 찍은 DNA의 X선 회절 사진을 호지킨에게 보여준 적이 있었다. 호지킨은 프랭클린의 사진이 자신이 본 사진 중 최고의 DNA X선 사진이라고 왓슨과 크릭에게 말했다. 하지만 왓슨과 크릭은 프랭클린의 사진을 아직 본 적이 없었다.

왓슨과 크릭은 호치킨과 나선형의 유기분자의 X선 회절 문제에 대해 논의했다.

그해 11월 25일 왓슨과 크릭은 큰 소득 없이 케임브리지로 돌아왔다. 한편 프랭클린은 윌킨스에게 자신의 촬영한 DNA 사진을 토대로 DNA의 구조를 설명했다. 그녀는 DNA 분자 안에 있는 층선의 상대적인 강도를 보면 농도가 다른 두 층이 전체 길이를 따라 반복되는 구간의 $\frac{3}{8}$ 되는 지점에서 나눠진다고 윌킨스에게 설명했다.

프랭클린은 1952년 5월 왕립 학회에서 주최한 단백질에 관한 학회가 끝난 뒤 자신의 DNA 사진 몇 장을 미국의 화학자 폴링의 동료인 코리에게 보여주었다. 폴링은 화학 결합에 대한 연구로 2년 후에 노

라이너스 칼 폴링(Linus Carl Pauling, 1901~1994 미국, 1954년 노벨화학상, 1962년 노벨평화상 수상)

세상에서 가장 쉬운 과학 수업 DNA 구조

벨화학상을 받게 되는 미국
의 화학자로, 그 역시 DNA의
구조에 관심이 있었다.

코리는 이 사진을 폴링에
게 보여주었고, 이 사진을 분
석한 폴링은 DNA의 구조를
삼중나선 구조라고 주장했다.

프랭클린은 계속해서 DNA의 X선 사진을 촬영했고, 가장 유명하
고 가장 선명한 51번 사진을 찍는 데 성공했다.

이것은 윌킨스의 단일 나선 구조로는 설명이 되지 않는 결과였다.
하지만 이 사진에 대해 프랭클린도 DNA가 이중나선 구조라는 것을
알아채지 못했다.

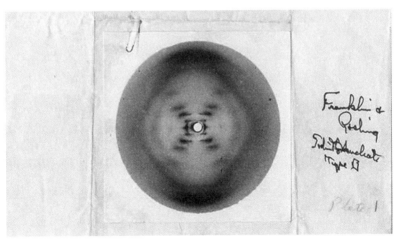

프랭클린이 찍은 DNA의 X선 사진

1953년 1월 중순이 되면서 드디어 왓슨은 폴링을 통해 프랭클린의 51번 사진을 보게 되었다. 왓슨은 이 사진을 보자마자 감탄했다. 너무나 선명한 사진이었기 때문이었다. 왓슨과 크릭은 이 사진이 나오기 위해서는 DNA가 이중나선 구조를 가져야 함을 알아냈다. 또한 두 사람은 이중나선의 경사도와 각도까지 정확하게 알 수 있게 되었다.

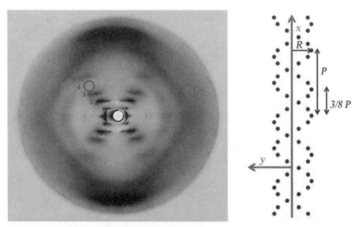

왓슨과 크릭은 프랭클린이 찍은 51번 사진을 보고 이러한 사진이 나오려면 DNA가 이중나선 구조여야 함을 알아냈다.

1953년 2월 4일, 왓슨과 크릭은 DNA 모델을 만들기 시작했다. 왓슨은 이중나선의 정확한 수치를 가지고 있었지만, 여전히 인산을 중심에 놓은 상태였다. 크릭은 인산을 바깥에 놓은 모델을 만들라고 제안했고, 왓슨은 그에 따랐다. 그다음 주, 왓슨은 프랭클린의 논문을 볼 수 있었고 그 속에는 왓슨과 크릭이 필요했던 모든 정보가 들어 있었다. 이것을 통해 왓슨과 크릭은 DNA의 두 나선이 반평행하다는 것

세상에서 가장 쉬운 과학 수업 DNA 구조

을 알아냈다. 2월 중순, 왓슨과 크릭은 염기의 배치에 대해 고민하기 시작했고, 2월 말 왓슨과 크릭은 DNA의 구조를 완벽하게 만들어내는 데 성공했다.

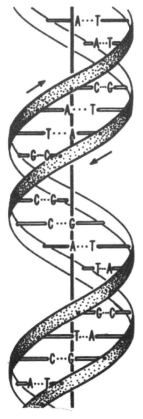

왓슨과 크릭이 만들어낸 DNA의 이중나선 구조

크릭과 왓슨(1953년 사진)

왓슨과 크릭은 이 모델을 출판하려 했지만 많은 문제점이 있었다. 그들의 작업은 킹스 칼리지 연구팀의 실험 결과에 바탕을 두고 있었지만, 그것들이 아직 출판되지 않았기 때문이었다. 이 문제점을 해결하기 위해서는 캐번디시 연구소와 킹스 칼리지 연구팀 사이 합의가 필요했다. 랜들은《네이처》에 왓슨과 크릭의 논문이 발표될 때 윌킨스와 프랭클린의 논문이 같이 발표될 수 있게 하고 연구팀에 논문을 빨리 쓰라는 지시를 내렸다. 결국《네이처》에는 왓슨과 크릭의 논문이 첫 번째로 나오고, 다음 윌킨스, 스톡스, 윌슨의 '디옥시펜토오스 핵산의 분자구조'[20]와 프랭클린과 고즐링의 '티모핵산나트륨의 분자

---

20) Wilkins, M. H., Stokes, A. R., Wilson, H. R.(1953), "Molecular structure of deoxypentose nucleic acids", Nature, 171(4356); 738-740.

세상에서 가장 쉬운 과학 수업 DNA 구조

노벨 생리학상을 받은 월킨스(사진 왼쪽), 왓슨(사진 오른쪽에서 두 번째)과 크릭(왼쪽에서 두 번째).

구조'[21]가 실리게 되었다.

왓슨은 1953년 6월 초 제18회 Cold Sring Harbor Symposium on Viruses에서 DNA 이중나선에 대한 논문을 발표했다.[22] 왓슨과 크릭이 《네이처》에 논문을 실은 지 6주 후였다. 왓슨, 크릭 그리고 월킨스는 1962년 핵산의 구조에 대한 연구로 노벨 생리의학상을 받았다.

학생 DNA 구조를 알아낸 역사는 마치 전쟁의 역사 같네요.

교수 그래서 과학역사가들은 'DNA 구조 전쟁'이라고도 불러.

---

21) Franklin, RE, Gosling, RG(1953), "Evidence for 2−chain helix in crystalline structure of sodium deoxyribonucleate", Nature, 172(4369); 156 − 157.

22) Watson, J. D., Crick, F. H.(1953), "A structure for deoxyribose nucleic acids"(PDF), Nature, 171(4356); 737 − 738.

만남에 덧붙여

EXPERIMENTS IN PLANT HYBRIDIZATION (1865)

GREGOR MENDEL

Read at the February 8th, and March 8th, 1865, meetings
of the Brünn Natural History Society

Mendel, Gregor. 1866. Versuche über Plflanzenhybriden. *Verhandlungen des naturforschenden Vereines in Brünn, Bd. IV für das Jahr 1865*, Abhandlungen, 3–47.

Mendel's paper was first translated into English by William Bateson in 1901. This present version derives from the Bateson translation, with some minor corrections and changes provided by Roger Blumberg as part of the MendelWeb project. A few additional corrections have been made in this version. For an annotated copy, which includes comments on the Bateson translation and Blumberg's corrections, see the MendelWeb site:

(http://www.netspace.org./MendelWeb/).

Mendel, Gregor. 1866. Versuche über Plflanzen-hybriden.
*Verhandlungen des naturforschenden Ver-eines in Brünn,
Bd. IV für das Jahr 1865*, Abhand-lungen, 3–47.

EXPERIMENTS IN PLANT HYBRIDIZATION (1865)

GREGOR MENDEL

Read at the February 8th, and March 8th, 1865, meetings
of the Brünn Natural History Society

INTRODUCTORY REMARKS

EXPERIENCE OF ARTIFICIAL FERTILIZATION, such as is effected with
ornamental plants in order to obtain new variations in color, has led to
the experiments which will here be discussed. The striking regularity
with which the same hybrid forms always reappeared whenever
fertilization took place between the same species induced further
experiments to be undertaken, the object of which was to follow up
the developments of the hybrids in their progeny.

To this object numerous careful observers, such as Kölreuter,
Gärtner, Herbert, Lecoq, Wichura and others, have devoted a part of
their lives with inexhaustible perseverance. Gärtner especially in his
work *Die Bastarderzeugung im Pflanzenreiche* [The Production of
Hybrids in the Vegetable Kingdom], has recorded very valuable
observations; and quite recently Wichura published the results of
some profound investigations into the hybrids of the Willow. That, so
far, no generally applicable law governing the formation and
development of hybrids has been successfully formulated can hardly
be wondered at by anyone who is acquainted with the extent of the
task, and can appreciate the difficulties with which experiments of
this class have to contend. A final decision can only be arrived at
when we shall have before us the results of *detailed experiments* made
on plants belonging to the most diverse orders.

Those who survey the work done in this department will arrive at the conviction that among all the numerous experiments made, not one has been carried out to such an extent and in such a way as to make it possible to determine the number of different forms under which the offspring of the hybrids appear, or to arrange these forms with certainty according to their separate generations, or definitely to ascertain their statistical relations.

It requires indeed some courage to undertake a labor of such far-reaching extent; this appears, however, to be the only right way by which we can finally reach the solution of a question the importance of which cannot be overestimated in connection with the history of the evolution of organic forms.

The paper now presented records the results of such a detailed experiment. This experiment was practically confined to a small plant group, and is now, after eight years' pursuit, concluded in all essentials. Whether the plan upon which the separate experiments were conducted and carried out was the best suited to attain the desired end is left to the friendly decision of the reader.

SELECTION OF THE EXPERIMENTAL PLANTS

The value and utility of any experiment are determined by the fitness of the material to the purpose for which it is used, and thus in the case before us it cannot be immaterial what plants are subjected to experiment and in what manner such experiment is conducted.

The selection of the plant group which shall serve for experiments of this kind must be made with all possible care if it be desired to avoid from the outset every risk of questionable results.

The experimental plants must necessarily:

1. Possess constant differentiating characteristics
2. The hybrids of such plants must, during the flowering period, be protected from the influence of all foreign pollen, or be easily capable of such protection.

The hybrids and their offspring should suffer no marked disturbance in their fertility in the successive generations.

Accidental impregnation by foreign pollen, if it occurred during the experiments and were not recognized, would lead to entirely erroneous conclusions. Reduced fertility or entire sterility of certain forms, such as occurs in the offspring of many hybrids, would render the experiments very difficult or entirely frustrate them. In order to discover the relations in which the hybrid forms stand towards each other and also towards their progenitors it appears to be necessary that all member of the series developed in each successive generations should be, *without exception*, subjected to observation.

At the very outset special attention was devoted to the *Leguminosae* on account of their peculiar floral structure. Experiments which were made with several members of this family led to the result that the genus *Pisum* was found to possess the necessary qualifications.

Some thoroughly distinct forms of this genus possess characters which are constant, and easily and certainly recognizable, and when their hybrids are mutually crossed they yield perfectly fertile progeny. Furthermore, a disturbance through foreign pollen cannot easily occur, since the fertilizing organs are closely packed inside the keel and the anthers burst within the bud, so that the stigma becomes covered with pollen even before the flower opens. This circumstance is especially important. As additional advantages worth mentioning, there may be cited the easy culture of these plants in the open ground and in pots, and also their relatively short period of growth. Artificial fertilization is certainly a somewhat elaborate process, but nearly always succeeds. For this purpose the bud is opened before it is perfectly developed, the keel is removed, and each stamen carefully extracted by means of forceps, after which the stigma can at once be dusted over with the foreign pollen.

In all, thirty–four more or less distinct varieties of Peas were obtained from several seedsmen and subjected to a two year's trial. In the case of one variety there were noticed, among a larger number of plants all alike, a few forms which were markedly different. These, however, did not vary in the following year, and agreed entirely with another variety obtained from the same seedsman; the seeds were therefore doubtless merely accidentally mixed. All the other varieties yielded perfectly constant and similar offspring; at any rate, no essential difference was observed during two trial years. For fertilization twenty–two of these were selected and cultivated during the whole period of the experiments. They remained constant without any exception.

Their systematic classification is difficult and uncertain. If we adopt the strictest definition of a species, according to which only those individuals belong to a species which under precisely the same circumstances display precisely similar characters, no two of these varieties could be referred to one species. According to the opinion of experts, however, the majority belong to the species *Pisum sativum*; while the rest are regarded and classed, some as sub–species of *P. sativum*, and some as independent species, such as *P. quadratum*, *P. saccharatum*, and *P. umbellatum*. The positions, however, which may be assigned to them in a classificatory system are quite immaterial for the purposes of the experiments in question. It has so far been found to be just as impossible to draw a sharp line between the hybrids of species and varieties as between species and varieties themselves.

DIVISION AND ARRANGEMENT OF THE EXPERIMENTS

If two plants which differ constantly in one or several characters be crossed, numerous experiments have demonstrated that the common characters are transmitted unchanged to the hybrids and their progeny; but each pair of differentiating characters, on the other hand, unite in the hybrid to form a new character, which in the progeny of the hybrid is usually variable. The object of the experiment was to observe these variations in the case of each pair of differentiating characters, and to deduce the law according to which they appear in successive generations. The experiment resolves itself therefore into just as many separate experiments are there are constantly differentiating characters presented in the experimental plants.

The various forms of Peas selected for crossing showed differences in length and color of the stem; in the size and form of the leaves; in the position, color, size of the flowers; in the length of the flower stalk; in the color, form, and size of the pods; in the form and size of the seeds; and in the color of the seed–coats and of the albumen (endosperm). Some of the characters noted do not permit of a sharp and certain separation, since the difference is of a "more or less" nature, which is often difficult to define. Such characters could not be utilized for the separate experiments; these could only be applied to characters which stand out clearly and definitely in the plants. Lastly, the result must show whether they, in their entirety, observe a regular behavior in their hybrid unions, and whether from these facts any conclusion can be reached regarding those characters which possess a subordinate significance in the type.

The characters which were selected for experiment relate:

1. To the *difference in the form of the ripe seeds*. These are either round or roundish, the depressions, if any, occur

세상에서 가장 쉬운 과학 수업 DNA 구조

on the surface, being always only shallow; or they are irregularly angular and deeply wrinkled (*P. quadratum*).

2. To the *difference in the color of the seed albumen* (endosperm). The albumen of the ripe seeds is either pale yellow, bright yellow and orange colored, or it possesses a more or less intense green tint. This difference of color is easily seen in the seeds as their coats are transparent.

3. To the *difference in the color of the seed–coat*. This is either white, with which character white flowers are constantly correlated; or it is gray, gray–brown, leather–brown, with or without violet spotting, in which case the color of the standards is violet, that of the wings purple, and the stem in the axils of the leaves is of a reddish tint. The gray seed–coats become dark brown in boiling water.

4. To the *difference in the form of the ripe pods*. These are either simply inflated, not contracted in places; or they are deeply constricted between the seeds and more or less wrinkled (*P. saccharatum*).

5. To the *difference in the color of the unripe pods*. They are either light to dark green, or vividly yellow, in which coloring the stalks, leaf–veins, and calyx participate.[*]

6. To the *difference in the position of the flowers*. They are either axial, that is, distributed along the main stem; or they are terminal, that is, bunched at the top of the stem and arranged almost in a false umbel; in this case the upper part of the stem is more or less widened in section (*P. umbellatum*).

7. To the *difference in the length of the stem*. The length of the stem is very various in some forms; it is, however, a constant character for each, in so far that healthy plants, grown in the same soil, are only subject to unimportant variations in this character. In experiments with this character, in order to be able to discriminate with certainty, the long axis of 6 to 7 ft. was always crossed with the short one of ¾ ft. to 1½ ft.

---

[*] One species possesses a beautifully brownish–red colored pod, which when ripening turns to violet and blue. Trials with this character were only begun last year.

Each two of the differentiating characters enumerated above were united by cross–fertilization. There were made for the

1st	experiment	60	fertilizations on	15 plants.
2nd	experiment	58	fertilizations on	10 plants.
3rd	experiment	35	fertilizations on	10 plants.
4th	experiment	40	fertilizations on	10 plants.
5th	experiment	23	fertilizations on	5 plants.
6th	experiment	34	fertilizations on	10 plants.
7th	experiment	37	fertilizations on	10 plants.

From a larger number of plants of the same variety only the most vigorous were chosen for fertilization. Weakly plants always afford uncertain results, because even in the first generation of hybrids, and still more so in the subsequent ones, many of the offspring either entirely fail to flower or only form a few and inferior seeds.

Furthermore, in all the experiments reciprocal crossings were effected in such a way that each of the two varieties which in one set of fertilizations served as seed–bearer in the other set was used as the pollen plant.

The plants were grown in garden beds, a few also in pots, and were maintained in their natural upright position by means of sticks, branches of trees, and strings stretched between. For each experiment a number of pot plants were placed during the blooming period in a greenhouse, to serve as control plants for the main experiment in the open as regards possible disturbance by insects. Among the insects which visit Peas the beetle *Buchus pisi* might be detrimental to the experiments should it appear in numbers. The female of this species is known to lay the eggs in the flower, and in so doing opens the keel; upon the tarsi of one specimen, which was caught in a flower, some pollen grains could clearly be seen under a lens. Mention must also be made of a circumstance which possibly might lead to the introduction of foreign pollen. It occurs, for instance, in some rare cases that certain parts of an otherwise normally developed flower wither, resulting in a partial exposure of the fertilizing organs. A defective development of the keel has also been observed, owing to which the stigma and anthers remained partially covered. It also sometimes happens that the pollen does not reach full perfection. In this event there occurs a gradual lengthening of the pistil during the blooming period, until the stigmatic tip protrudes at the point of the keel. This remarkable appearance has also been observed in hybrids of *Phaseolus* and *Lathyrus*.

The risk of false impregnation by foreign pollen is, however, a very slight one with *Pisum*, and is quite incapable of disturbing the general result. Among more than 10,000 plants which were carefully examined there were only a very few cases where an indubitable false impregnation had occurred. Since in the greenhouse such a case was never remarked, it may well be supposed that *Brucus pisi*, and possibly also the described abnormalities in the floral structure, were to blame.

THE FORMS OF THE HYBRIDS

Experiments which in previous years were made with ornamental plants have already afforded evidence that the hybrids, as a rule, are not exactly intermediate between the parental species. With some of the more striking characters, those, for instance, which relate to the form and size of the leaves, the pubescence of the several parts, etc., the intermediate, indeed, is nearly always to be seen; in other cases, however, one of the two parental characters is so preponderant that it is difficult, or quite impossible, to detect the other in the hybrid.

This is precisely the case with the Pea hybrids. In the case of each of the seven crosses the hybrid–character resembles that of one of the parental forms so closely that the other either escapes observation completely or cannot be detected with certainty. This circumstance is of great importance in the determination and classification of the forms under which the offspring of the hybrids appear. Henceforth in this paper those characters which are transmitted entire, or almost unchanged in the hybridization, and therefore in themselves constitute the characters of the hybrid, are termed the *dominant*, and those which become latent in the process *recessive*. The expression *recessive* has been chosen because the characters thereby designated withdraw or entirely disappear in the hybrids, but nevertheless reappear unchanged in their progeny, as will be demonstrated later on.

It was furthermore shown by the whole of the experiments that it is perfectly immaterial whether the dominant character belongs to the seed plant or to the pollen plant; the form of the hybrid remains identical in both cases. This interesting fact was also emphasized by Gärtner, with the remark that even the most practiced expert is not in a position to determine in a hybrid which of the two parental species was the seed or the pollen plant.

Of the differentiating characters which were used in the experiments the following are dominant:

1. The round or roundish form of the seed with or without shallow depressions.
2. The yellow coloring of the seed albumen.
3. The gray, gray–brown, or leather brown color of the seed–coat, in association with violet–red blossoms and reddish spots in the leaf axils.
4. The simply inflated form of the pod.
5. The green coloring of the unripe pod in association with the same color of the stems, the leaf–veins and the calyx.
6. The distribution of the flowers along the stem.
7. The greater length of stem.

With regard to this last character it must be stated that the longer of the two parental stems is usually exceeded by the hybrid, a fact which is possibly only attributable to the greater luxuriance which appears in all parts of plants when stems of very different lengths are crossed. Thus, for instance, in repeated experiments, stems of 1 ft. and 6 ft. in length yielded without exception hybrids which varied in length between 6 ft. and 7½ ft.

The hybrid seeds in the experiments with seed–coat are often more spotted, and the spots sometimes coalesce into small bluish–violet patches. The spotting also frequently appears even when it is absent as a parental character.

The hybrid forms of the seed–shape and of the [color of the] albumen are developed immediately after the artificial fertilization by the mere influence of the foreign pollen. They can, therefore, be observed even in the first year of experiment, whilst all the other characters naturally only appear in the following year in such plants as have been raised from the crossed seed.

THE FIRST GENERATION FROM THE HYBRIDS

In this generation there reappear, together with the dominant characters, also the recessive ones with their peculiarities fully developed, and this occurs in the definitely expressed average proportion of three to one, so that among each four plants of this generation three display the dominant character and one the recessive.

세상에서 가장 쉬운 과학 수업 DNA 구조

This relates without exception to all the characters which were investigated in the experiments. The angular wrinkled form of the seed, the green color of the albumen, the white color of the seed–coats and the flowers, the constrictions of the pods, the yellow color of the unripe pod, of the stalk, of the calyx, and of the leaf venation, the umbel–like form of the inflorescence, and the dwarfed stem, all reappear in the numerical proportion given, without any essential alteration. *Transitional forms were not observed in any experiment.*

Since the hybrids resulting from reciprocal crosses are formed alike and present no appreciable difference in their subsequent development, consequently these results can be reckoned together in each experiment. The relative numbers which were obtained for each pair of differentiating characters are as follows:

Expt 1: Form of seed. — From 253 hybrids 7,324 seeds were obtained in the second trial year. Among them were 5,474 round or roundish ones and 1,850 angular wrinkled ones. Therefrom the ratio 2.96:1 is deduced.

Expt 2: Color of albumen. — 258 plants yielded 8,023 seeds, 6,022 yellow, and 2,001 green; their ratio, therefore, is as 3.01:1.

In these two experiments each pod yielded usually both kinds of seed. In well–developed pods which contained on the average six to nine seeds, it often happened that all the seeds were round (Expt. 1) or all yellow (Expt. 2); on the other hand there were never observed more than five wrinkled or five green ones on one pod. It appears to make no difference whether the pods are developed early or later in the hybrid or whether they spring from the main axis or from a lateral one. In some few plants only a few seeds developed in the first formed pods, and these possessed exclusively one of the two characters, but in the subsequently developed pods the normal proportions were maintained nevertheless.

As in separate pods, so did the distribution of the characters vary in separate plants. By way of illustration the first ten individuals from both series of experiments may serve.

| | Experiment 1 | | Experiment 2 | |
| | Form of the Seed | | Color of the Albumen | |
Plants	round	wrinkled	yellow	green
1	45	12	25	11
2	27	8	32	7
3	24	7	14	5
4	19	10	70	27
5	32	11	24	13
6	26	6	20	6
7	88	24	32	13
8	22	10	44	9
9	28	6	50	14
10	25	7	44	18

As extremes in the distribution of the two seed characters in one plant, there were observed in Expt. 1 an instance of 43 round and only two angular, and another of 14 round and 15 angular seeds. In Expt. 2 there was a case of 32 yellow and only one green seed, but also one of 20 yellow and 19 green.

These two experiments are important for the determination of the average ratios, because with a smaller number of experimental plants they show that very considerable fluctuations may occur. In counting the seeds, also, especially in Expt. 2, some care is requisite, since in some of the seeds of many plants the green color of the albumen is less developed, and at first may be easily overlooked. The cause of this partial disappearance of the green coloring has no connection with the hybrid–character of the plants, as it likewise occurs in the parental variety. This peculiarity is also confined to the individual and is not inherited by the offspring. In luxuriant plants this appearance was frequently noted. Seeds which are damaged by insects during their development often vary in color and form, but with a little practice in sorting, errors are easily avoided. It is almost superfluous to mention that the pods must remain on the plants until they are thoroughly ripened and have become dried, since it is only then that the shape and color of the seed are fully developed.

Expt. 3: Color of the seed–coats. — Among 929 plants, 705 bore violet–red flowers and gray–brown seed–coats; 224 had white flowers and white seed–coats, giving the proportion 3.15:1.

Expt. 4: Form of pods. — Of 1,181 plants, 882 had them simply inflated, and in 299 they were constricted. Resulting ratio, 2.95:1.

세상에서 가장 쉬운 과학 수업 DNA 구조

Expt. 5:   Color of the unripe pods. — The number of trial plants was 580, of which 428 had green pods and 152 yellow ones. Consequently these stand in the ratio of 2.82:1.

Expt. 6:   Position of flowers. — Among 858 cases 651 had inflorescences axial and 207 terminal. Ratio, 3.14:1.

Expt. 7:   Length of stem. — Out of 1,064 plants, in 787 cases the stem was long, and in 277 short. Hence a mutual ratio of 2.84:1. In this experiment the dwarfed plants were carefully lifted and transferred to a special bed. This precaution was necessary, as otherwise they would have perished through being overgrown by their tall relatives. Even in their quite young state they can be easily picked out by their compact growth and thick dark–green foliage.

If now the results of the whole of the experiments be brought together, there is found, as between the number of forms with the dominant and recessive characters, an average ratio of 2.98:1, or 3:1.

The dominant character can have here a *double signification* — viz. that of a parental character or a hybrid–character. In which of the two significations it appears in each separate case can only be determined by the following generation. As a parental character it must pass over unchanged to the whole of the offspring; as a hybrid–character, on the other hand, it must maintain the same behavior as in the first generation.

The Second Generation From the Hybrids

Those forms which in the first generation exhibit the recessive character do not further vary in the second generation as regards this character; they remain constant in their offspring.

It is otherwise with those which possess the dominant character in the first generation [bred from the hybrids — i.e., the F_2 in modern terminology]. Of these *two*–thirds yield offspring which display the dominant and recessive characters in the proportion of three to one, and thereby show exactly the same ratio as the hybrid forms, while only *one*–third remains with the dominant character constant.

The separate experiments yielded the following results:

Expt. 1:   Among 565 plants which were raised from round seeds of the first generation, 193 yielded round seeds only, and remained therefore constant in this character; 372, however, gave both round and wrinkled seeds, in the proportion of 3:1. The number of the hybrids, therefore, as compared with the constants is 1.93:1.

Expt. 2:   Of 519 plants which were raised from seeds whose albumen was of yellow color in the first generation, 166 yielded exclusively yellow, while 353 yielded yellow and green seeds in the proportion of 3:1. There resulted, therefore, a division into hybrid and constant forms in the proportion of 2.13:1.

For each separate trial in the following experiments 100 plants were selected which displayed the dominant character in the first generation, and in order to ascertain the significance of this, ten seeds of each were cultivated.

Expt. 3:   The offspring of 36 plants yielded exclusively gray–brown seed–coats, while of the offspring of 64 plants some had gray–brown and some had white.

Expt. 4:   The offspring of 29 plants had only simply inflated pods; of the offspring of 71, on the other hand, some had inflated and some constricted.

Expt. 5:   The offspring of 40 plants had only green pods; of the offspring of 60 plants some had green, some yellow ones.

Expt. 6.:   The offspring of 33 plants had only axial flowers; of the offspring of 67, on the other hand, some had axial and some terminal flowers.

Expt. 7:   The offspring of 28 plants inherited the long axis, of those of 72 plants some the long and some the short axis.

In each of these experiments a certain number of the plants came constant with the dominant character. For the determination of the proportion in which the separation of the forms with the constantly persistent character results, the two first experiments are especially important, since in these a larger number of plants can be compared. The ratios 1.93:1 and 2.13:1 gave together almost exactly the average ratio of 2:1. Experiment 6 gave a quite concordant result; in the others the ratio varies more or less, as was only to be expected in view of the smaller number of 100 trial plants. Experiment 5, which shows the greatest departure, was repeated, and then in lieu of the ratio of 60:40, that of 65:35 resulted. *The average ratio of 2 to 1 appears, therefore, as fixed with certainty*. It is therefore demonstrated that, of those forms which possess the dominant character in the first generation, two–thirds have the hybrid–character, while one–third remains constant with the dominant character.

The ratio 3:1, in accordance with which the distribution of the dominant and recessive characters results in the first generation, resolves itself therefore in all experiments into the ratio of 2:1:1, if the dominant character be differentiated according to its significance as a hybrid–character or as a parental one. Since the members of the first generation spring directly from the seed of the hybrids, it is now clear that the hybrids form seeds having one or other of the two differentiating characters, and of these one–half develop again the hybrid form, while the other half yield plants which remain constant and receive the dominant or the recessive characters in equal numbers.

THE SUBSEQUENT GENERATIONS FROM THE HYBRIDS

The proportions in which the descendants of the hybrids develop and split up in the first and second generations presumably hold good for all subsequent progeny. Experiments 1 and 2 have already been carried through six generations; 3 and 7 through five; and 4, 5, and 6 through four; these experiments being continued from the third generation with a small number of plants, and no departure from the rule has been perceptible. The offspring of the hybrids separated in each generation in the ratio of 2:1:1 into hybrids and constant forms.

If A be taken as denoting one of the two constant characters, for instance the dominant, a, the recessive, and Aa the hybrid form in which both are conjoined, the expression

$$A + 2Aa + a$$

shows the terms in the series for the progeny of the hybrids of two differentiating characters.

The observation made by Gärtner, Kölreuter, and others, that hybrids are inclined to revert to the parental forms, is also confirmed by the experiments described. It is seen that the number of the hybrids which arise from one fertilization, as compared with the number of forms which become constant, and their progeny from generation to generation, is continually diminishing, but that nevertheless they could not entirely disappear. If an average equality of fertility in all plants in all generations be assumed, and if, furthermore, each hybrid forms seed of which one–half yields hybrids again, while the other half is constant to both characters in equal proportions, the ratio of numbers for the offspring in each generation is seen by the following summary, in which A and a denote again the two parental characters, and Aa the hybrid forms. For brevity's sake it may be assumed that each plant in each generation furnishes only four seeds.

Generation	A	Aa	a	Ratios A : Aa : a		
1	1	2	1	1 : 2 : 1		
2	6	4	6	3 : 2 : 3		
3	28	8	28	7 : 2 : 7		
4	120	16	120	15 : 2 : 15		
5	496	32	496	31 : 2 : 31		
n				$2^n - 1$: 2 : $2^n - 1$		

In the tenth generation, for instance, $2^n - 1 = 1{,}023$. There result, therefore, in each 2,048 plants which arise in this generation 1,023 with the constant dominant character, 1,023 with the recessive character, and only two hybrids.

THE OFFSPRING OF HYBRIDS IN WHICH SEVERAL DIFFERENTIATING CHARACTERS ARE ASSOCIATED.

In the experiments above described plants were used which differed only on one essential character. The next task consisted in ascertaining whether the law of development discovered in these applied to each pair of differentiating characters when several diverse characters are united in the hybrid by crossing.

As regards the form of the hybrids in these cases, the experiments showed throughout that this invariably more nearly approaches to that one of the two parental plants which possesses the greater number of

세상에서 가장 쉬운 과학 수업 DNA 구조

dominant characters. If, for instance, the seed plant has a short stem, terminal white flowers, and simply inflated pods; the pollen plant, on the other hand, a long stem, violet–red flowers distributed along the stem, and constricted pods; the hybrid resembles the seed parent only in the form of the pod; in the other characters it agrees with the pollen parent. Should one of the two parental types possess only dominant characters, then the hybrid is scarcely or not at all distinguishable from it.

Two experiments were made with a considerable number of plants. In the first experiment the parental plants differed in the form of the seed and in the color of the albumen; in the second in the form of the seed, in the color of the albumen, and in the color of the seed–coats. Experiments with seed characters give the result in the simplest and most certain way.

In order to facilitate study of the data in these experiments, the different characters of the seed plant will be indicated by *A*, *B*, *C*, those of the pollen plant by *a*, *b*, *c*, and the hybrid forms of the characters by *Aa*, *Bb*, and *Cc*.

Expt. 1. —	*AB*, seed parents	*ab*, pollen parents
	A, form round	*a*, form wrinkled
	B, albumen yellow	*b*, albumen green

The fertilized seeds appeared round and yellow like those of the seed parents. The plants raised therefrom yielded seeds of four sorts, which frequently presented themselves in one pod. In all, 556 seeds were yielded by 15 plants, and of these there were:

315   round and yellow,
101   wrinkled and yellow,
108   round and green,
 32   wrinkled and green.

All were sown the following year. Eleven of the round yellow seeds did not yield plants, and three plants did not form seeds. Among the rest:

38	had round yellow seeds	*AB*
65	round yellow and green seeds	*ABb*
60	round yellow and wrinkled yellow seeds	*AaB*
138	round yellow and green, wrinkled yellow and green seeds	*AaBb*

From the wrinkled yellow seeds 96 resulting plants bore seed, of which:

| 28 | had only wrinkled yellow seeds | *aB* |
| 68 | wrinkled yellow and green seeds | *aBb* |

From 108 round green seeds 102 resulting plants fruited, of which:

| 35 | had only round green seeds | *Ab* |
| 67 | round and wrinkled green seeds | *Aab* |

The wrinkled green seeds yielded 30 plants which bore seeds all of like character; they remained constant *ab*.

The offspring of the hybrids appeared therefore under nine different forms, some of them in very unequal numbers. When these are collected and coordinated we find:

38	plants with the sign	*AB*
35	"	"	"	*Ab*
28	"	"	"	*aB*
30	"	"	"	*ab*
65	"	"	"	*ABb*
68	"	"	"	*aBb*
60	"	"	"	*AaB*
67	"	"	"	*Aab*
138	"	"	"	*AaBb*

The whole of the forms may be classed into three essentially different groups. The first includes those with the signs *AB*, *Ab*, *aB*, and *ab*: they possess only constant characters and do not vary again in the next generation. Each of these forms is represented on the average 33 times. The second group includes the signs *ABb*, *aBb*, *AaB*, *Aab*: these are constant in one character and hybrid in another, and vary in the next generation only as regards the hybrid–character. Each of these appears on any average 65 times. The form *AaBb* occurs 138 times: it is hybrid in both characters, and behaves exactly as do the hybrids from which it is derived.

If the numbers in which the forms belonging to these classes appear be compared, the ratios of 1:2:4 are unmistakably evident. The numbers 33, 65, 138 present very fair approximations to the ratio numbers of 33, 66, 132.

The development series consists, therefore, of nine classes, of which four appear therein always once and are constant in both characters; the forms *AB*, *ab*, resemble the parental forms, the two others present combinations between the conjoined characters *A*, *a*, *B*, *b*, which combinations are likewise possibly constant. Four classes appear always twice, and are constant in one character and hybrid in the other. One class appears four times, and is hybrid in both

세상에서 가장 쉬운 과학 수업 DNA 구조

characters. Consequently, the offspring of the hybrids, if two kinds of differentiating characters are combined therein, are represented by the expression

$$AB + Ab + aB + ab + 2ABb + 2aBb + 2AaB + 2Aab + 4AaBb$$

This expression is indisputably a combination series in which the two expressions for the characters *A* and *a*, *B* and *b* are combined. We arrive at the full number of the classes of the series by the combination of the expressions:

$$A + 2Aa + a$$
$$B + 2Bb + b$$

Expt. 2. —	*ABC*, seed parents	*abc*, pollen parents
	A, form round	*a*, form wrinkled
	B, albumen yellow	*b*, albumen green
	C, seed coat grey–brown	*c*, seed coat white

This experiment was made in precisely the same way as the previous one. Among all the experiments it demanded the most time and trouble. From 24 hybrids 687 seeds were obtained in all: these were all either spotted, gray–brown or gray–green, round or wrinkled. From these in the following year 639 plants fruited, and as further investigation showed, there were among them:

8	plants	*ABC*	22	plants	*ABCc*	45	plants	*ABbCc*
14	"	*Abc*	17	"	*AbCc*	36	"	*aBbCc*
9	"	*AbC*	25	"	*aBCc*	38	"	*AaBCc*
11	"	*Abc*	20	"	*abCc*	40	"	*AabCc*
8	"	*aBC*	15	"	*ABbC*	49	"	*AaBbC*
10	"	*aBc*	18	"	*Abbc*	48	"	*AaBbc*
10	"	*abC*	19	"	*aBbC*			
7	"	*abc*	24	"	*aBbc*			
			14	"	*AaBC*	78	"	*AaBbCc*
			18	"	*AaBc*			
			20	"	*AabC*			
			16	"	*Aabc*			

The whole expression contains 27 terms. Of these eight are constant in all characters, and each appears on the average ten times; twelve are constant in two characters, and hybrid in the third; each appears on the average 19 times; six are constant in one character and hybrid in the other two; each appears on the average 43 times. One form appears 78 times and is hybrid in all of the characters. The ratios 10:19:43:78 agree so closely with the ratios 10:20:40:80, or 1:2:4:8 that this last undoubtedly represents the true value.

The development of the hybrids when the original parents differ in three characters results therefore according to the following expression:

ABC + *ABc* + *AbC* + *Abc* + *aBC* + *aBc* + *abC* + *abc* + 2*ABCc* + 2*AbCc* + 2*aBCc* + 2*abCc* + 2*ABbC* + 2*ABbc* + 2*aBbC* + 2*aBbc* + 2*AaBC* + 2*AaBc* + 2*AabC* + 2*Aabc* + 4*ABbCc* + 4*aBbCc* + 4*AaBCc* + 4*AabCc* + 4*AaBbC* + 4*AaBbc* + 8*AaBbCc*.

Here also is involved a combination series in which the expressions for the characters *A* and *a*, *B* and *b*, *C* and *c*, are united. The expressions:

$$A + 2Aa + a$$
$$B + 2Bb + b$$
$$C + 2Cc + c$$

give all the classes of the series. The constant combinations which occur therein agree with all combinations which are possible between the characters *A*, *B*, *C*, *a*, *b*, *c*; two thereof, *ABC* and *abc*, resemble the two original parental stocks.

In addition, further experiments were made with a smaller number of experimental plants in which the remaining characters by twos and threes were united as hybrids: all yielded approximately the same results. There is therefore no doubt that for the whole of the characters involved in the experiments the principle applies *that the offspring of the hybrids in which several essentially different characters are combined exhibit the terms of a series of combinations, in which the developmental series for each pair of differentiating characters are united*. It is demonstrated at the same time that *the relation of each pair of different characters in hybrid union is independent of the other differences in the two original parental stocks*.

If *n* represent the number of the differentiating characters in the two original stocks, 3^n gives the number of terms of the combination series, 4^n the number of individuals which belong to the series, and 2^n the number of unions which remain constant. The series therefore contains, if the original stocks differ in four characters, $3^4 = 81$ classes, $4^4 = 256$ individuals, and $2^4 = 16$ constant forms: or, which is the same, among each 256 offspring of the hybrids are 81 different combinations, 16 of which are constant.

All constant combinations which in Peas are possible by the combination of the said seven differentiating characters were actually obtained by repeated crossing. Their number is given by $2^7 = 128$.

세상에서 가장 쉬운 과학 수업 DNA 구조

Thereby is simultaneously given the practical proof *that the constant characters which appear in the several varieties of a group of plants may be obtained in all the associations which are possible according to the laws of combination, by means of repeated artificial fertilization.*

As regards the flowering time of the hybrids, the experiments are not yet concluded. It can, however, already be stated that the time stands almost exactly between those of the seed and pollen parents, and that the constitution of the hybrids with respect to this character probably follows the rule ascertained in the case of the other characters. The forms which are selected for experiments of this class must have a difference of at least 20 days from the middle flowering period of one to that of the other; furthermore, the seeds when sown must all be placed at the same depth in the earth, so that they may germinate simultaneously. Also, during the whole flowering period, the more important variations in temperature must be taken into account, and the partial hastening or delaying of the flowering which may result there from. It is clear that this experiment presents many difficulties to be overcome and necessitates great attention.

If we endeavor to collate in a brief form the results arrived at, we find that those differentiating characters, which admit of easy and certain recognition in the experimental plants, *all behave exactly alike in their hybrid associations.* The offspring of the hybrids of each pair of differentiating characters are, one–half, hybrid again, while the other half are constant in equal proportions having the characters of the seed and pollen parents respectively. If several differentiating characters are combined by cross–fertilization in a hybrid, the resulting offspring form the terms of a combination series in which the combination series for each pair of differentiating characters are united.

The uniformity of behavior shown by the whole of the characters submitted to experiment permits, and fully justifies, the acceptance of the principle that a similar relation exists in the other characters which appear less sharply defined in plants, and therefore could not be included in the separate experiments. An experiment with peduncles of different lengths gave on the whole a fairly satisfactory results, although the differentiation and serial arrangement of the forms could not be effected with that certainty which is indispensable for correct experiment.

THE REPRODUCTIVE CELLS OF THE HYBRIDS

The results of the previously described experiments led to further experiments, the results of which appear fitted to afford some conclusions as regards the composition of the egg and pollen cells of hybrids. An important clue is afforded in *Pisum* by the circumstance that among the progeny of the hybrids constant forms appear, and that this occurs, too, in respect of all combinations of the associated characters. So far as experience goes, we find it in every case confirmed that constant progeny can only be formed when the egg cells and the fertilizing pollen are of like character, so that both are provided with the material for creating quite similar individuals, as is the case with the normal fertilization of pure species. We must therefore regard it as certain that exactly similar factors must be at work also in the production of the constant forms in the hybrid plants. Since the various constant forms are produced in one plant, or even in one flower of a plant, the conclusion appears logical that in the ovaries of the hybrids there are formed as many sorts of egg cells, and in the anthers as many sorts of pollen cells, as there are possible constant combination forms, and that these egg and pollen cells agree in their internal compositions with those of the separate forms.

In point of fact it is possible to demonstrate theoretically that this hypothesis would fully suffice to account for the development of the hybrids in the separate generations, if we might at the same time assume that the various kinds of egg and pollen cells were formed in the hybrids on the average in equal numbers. In order to bring these assumptions to an experimental proof, the following experiments were designed. Two forms which were constantly different in the form of the seed and the color of the albumen were united by fertilization.

If the differentiating characters are again indicated as **A**, **B**, **a**, **b**, we have:

AB,	Seed parents	*ab*,	Pollen parents
A,	form round	*a*,	form wrinkled
B,	albumen yellow	*b*,	albumen green

The artificially fertilized seeds were sown together with several seeds of both original stocks, and the most vigorous examples were chosen for the reciprocal crossing. There were fertilized:

1. The hybrids with the pollen of *AB*
2. The hybrids with the pollen of *ab*
3. *AB* with the pollen of the hybrids.

4.   *ab* with the pollen of the hybrids.

For each of these four experiments the whole of the flowers on three plants were fertilized. If the above theory be correct, there must be developed on the hybrids egg and pollen cells of the forms *AB*, *Ab*, *aB*, *ab*, and there would be combined:

1.   The egg cells *AB*, *Ab*, *aB*, *ab* with the pollen cells *AB*.
2.   The egg cells *AB*, *Ab*, *aB*, *ab* with the pollen cells *ab*.
3.   The egg cells *AB* with the pollen cells *AB*, *Ab*, *aB*, and *ab*.
4.   The egg cells *ab* with the pollen cells *AB*, *Ab*, *aB*, and *ab*.

From each of these experiments there could then result only the following forms:

1.   *AB, ABb, AaB, AaBb*
2.   *AaBb, Aab, aBb, ab*
3.   *AB, ABb, AaB, AaBb*
4.   *AaBb, Aab, aBb, ab*

If, furthermore, the several forms of the egg and pollen cells of the hybrids were produced on an average in equal numbers, then in each experiment the said four combinations should stand in the same ratio to each other. A perfect agreement in the numerical relations was, however, not to be expected since in each fertilization, even in normal cases, some egg cells remain undeveloped or subsequently die, and many even of the well–formed seeds fail to germinate when sown. The above assumption is also limited in so far that while it demands the formation of an equal number of the various sorts of egg and pollen cells, it does not require that this should apply to each separate hybrid with mathematical exactness.

The *first and second* experiments had primarily the object of proving the composition of the hybrid egg cells, while the *third and fourth* experiments were to decide that of the pollen cells. As is shown by the above demonstration the first and third experiments and the second and fourth experiments should produce precisely the same combinations, and even in the second year the result should be partially visible in the form and color of the artificially fertilized seed. In the first and third experiments the dominant characters of form and color, *A* and *B*, appear in each union, and are also partly constant and partly in hybrid union with the recessive characters *a* and *b*, for which reason they must impress their peculiarity upon the whole of the seeds. All seeds should therefore appear round and yellow, if the theory be justified. In the second and fourth experiments, on the other hand, one union is hybrid in form and in color, and consequently the seeds are round and yellow; another is hybrid in form, but constant in the recessive character of color, whence the seeds are round and green; the third is constant in the recessive character of form but hybrid in color, consequently the seeds are wrinkled and yellow; the fourth is constant in both recessive characters, so that the seeds are wrinkled and green. In both these experiments there were consequently four sorts of seed to be expected; namely, round and yellow, round and green, wrinkled and yellow, wrinkled and green.

The crop fulfilled these expectations perfectly. There were obtained in the

1st Experiment,   98 exclusively round yellow seeds;

3rd   "   94 exclusively round yellow seeds

In the 2nd Experiment, 31 round and yellow, 26 round and green, 22 wrinkled and yellow, 26 wrinkled and green seeds.

In the 4th Experiment, 24 round and yellow, 25 round and green, 22 wrinkled and yellow, 27 wrinkled and green.

There could scarcely be now any doubt of the success of the experiment; the next generation must afford the final proof. From the seed sown there resulted for the first experiment 90 plants, and for the third 87 plants which fruited: these yielded for the

1st Exp. 3rd Exp.

20	25	round yellow seeds	*AB*
23	19	round yellow and green seeds	*ABb*
25	22	round and wrinkled yellow seeds	*AaB*
22	21	round and wrinkled green and yellow seeds	*AaBb*

In the second and fourth experiments the round and yellow seeds yielded plants with round and wrinkled yellow and green seeds, *AaBb*.

From the round green seeds plants resulted with round and wrinkled green seeds, *Aab*.

The wrinkled yellow seeds gave plants with wrinkled yellow and green seeds, *aBb*.

From the wrinkled green seeds plants were raised which yielded again only wrinkled and green seeds, *ab*.

Although in these two experiments likewise some seeds did not germinate, the figures arrived at already in the previous year were not affected thereby, since each kind of seed gave plants which, as regards their seed, were like each other and different from the others. There resulted therefore from the

2nd. Expt.	4th Expt.	
31	24	plants of the form *AaBb*
26	25	plants of the form *Aab*
27	22	plants of the form *aBb*
26	27	plants of the form *ab*

In all the experiments, therefore, there appeared all the forms which the proposed theory demands, and they came in nearly equal numbers.

In a further experiment the characters of *flower–color and length of stem* were experimented upon, and selection was so made that in the third year of the experiment each character ought to appear in *half* of all the plants if the above theory were correct. *A, B, a, b* serve again as indicating the various characters.

A, violet–red flowers.	*a*, white flowers.
B, axis long.	*b*, axis short.

The form *Ab* was fertilized with *ab*, which produced the hybrid *Aab*. Furthermore, *aB* was also fertilized with *ab*, whence the hybrid *aBb*. In the second year, for further fertilization, the hybrid *Aab* was used as seed parent, and hybrid *aBb* as pollen parent.

Seed parent, *Aab*.	Pollen parent, aBb.
Possible egg cells, *Ab, ab*.	Pollen cells, *aB, ab*.

From the fertilisation between the possible egg and pollen cells four combinations should result, namely:

$$AaBb + aBb + Aab + ab$$

From this it is perceived that, according to the above theory, in the third year of the experiment out of all the plants,

Half should have violet–red flowers	(*Aa*), Classes	1,	3
" " " white flowers	(*a*)	" 2,	4
" " " a long axis	(*Bb*)	" 1,	2
" " " a short axis	(*b*)	" 3,	4

From 45 fertilizations of the second year 187 seeds resulted, of which only 166 reached the flowering stage in the third year. Among these the separate classes appeared in the numbers following:

Class	Flower Color	Stem	
1	violet–red	long	47 times
2	white	long	40 times
3	violet–red	short	38 times
4	white	short	41 times

There subsequently appeared,

The	violet–red flower color	(*Aa*)	in	85 plants
"	white flower–color	(*a*)	in	81 plants
"	long stem	(*Bb*)	in	87 plants
"	short stem	(*b*)	in	79 plants

The theory adduced is therefore satisfactorily confirmed in this experiment also.

For the characters of *form of pod*, *color of pod*, and *position of flowers*, experiments were also made on a small scale and results obtained in perfect agreement. All combinations, which were possible through the union of the differentiating characters duly appeared, and in nearly equal numbers.

Experimentally, therefore, the theory is confirmed that *the pea hybrids form egg and pollen cells which, in their constitution, represent in equal numbers all constant forms which result from the combination of the characters united in fertilization.*

The difference of the forms among the progeny of the hybrids, as well as the respective ratios of the numbers in which they are observed, find a sufficient explanation in the principle above deduced. The simplest case is afforded by the developmental series of *each pair of differentiating characters*. This series is represented by the expression $A+2Aa+a$, in which A and a signify the forms with constant differentiating characters, and Aa the hybrid form of both. It includes in three different classes four individuals. In the formation of these, pollen and egg cells of the form A and a take part on the average equally in the fertilization; hence each form [occurs] twice, since four individuals are formed. There participate consequently in the fertilization

The pollen cells: $A + A + a + a$,
The egg cells: $A + A + a + a$.

It remains, therefore, purely a matter of chance which of the two sorts of pollen will become united with each separate egg cell. According, however, to the law of probability, it will always happen, on the average of many cases, that each pollen form A and a will unite equally often with each egg cell form *A* and *a*, consequently one of the two pollen cells *A* in the fertilization will meet with the egg cell *A* and the other with the egg cell *a*, and so likewise one pollen cell *a* will unite with an egg cell *A*, and the other with the egg cell *a*.

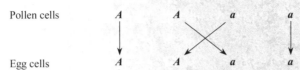

The result of the fertilization may be made clear by putting the signs for the conjoined egg and pollen cells in the form of fractions, those for the pollen cells above and those for the egg cells below the line. We then have

$$\frac{A}{A} + \frac{A}{a} + \frac{a}{A} + \frac{a}{a}.$$

In the first and fourth term the egg and pollen cells are of like kind, consequently the product of their union must be constant, namely *A* and *a*; in the second and third, on the other hand, there again results a union of the two differentiating characters of the stocks, consequently the forms resulting from these fertilizations are identical with those of the hybrid from which they sprang. *There occurs accordingly a repeated hybridization.* This explains the striking fact that the hybrids are able to produce, besides the two parental forms, offspring which are like themselves *A/a* and *a/A* both give the same union *Aa*, since, as already remarked above, it makes no difference in the result of fertilization to which of the two characters the pollen or egg cells belong. We may write then

$$\frac{A}{A} + \frac{A}{a} + \frac{a}{A} + \frac{a}{a} = A + 2Aa + a.$$

This represents the average result of the self–fertilization of the hybrids when two differentiating characters are united in them. In individual flowers and in individual plants, however, the ratios in which the forms of the series are produced may suffer not inconsiderable fluctuations. Apart from the fact that the numbers in which both sorts of egg cells occur in the seed vessels can only be regarded as equal on the average, it remains purely a matter of chance which of the two sorts of pollen may fertilize each separate egg cell. For this reason the separate values must necessarily be subject to fluctuations, and there are even extreme cases possible, as were described earlier in connection with the experiments on the forms of the seed and the color of the albumen. The true ratios of the numbers can only be ascertained by an average deduced from the sum of as many single values as possible; the greater the number the more are merely chance effects eliminated.

The developmental series for hybrids in which two kinds of differentiating characters are united contains among 16 individuals nine different forms, viz.:

$$AB + Ab + aB + ab + 2ABb + 2aBb + 2AaB + 2Aab + 4AaBb.$$

Between the differentiating characters of the original stocks *Aa* and *Bb*, four constant combinations are possible, and consequently the hybrids produce the corresponding four forms of egg and pollen cells: *AB*, *Ab*, *aB*, *ab*, and each of these will on the average figure four times in the fertilization, since 16 individuals are included in the series. Therefore, the participators in the fertilization are

Pollen cells: *AB* + *AB* + *AB* + *AB* + *Ab* + *Ab* + *Ab* + *Ab* + *aB* + *aB* + *aB* + *aB* + *ab* + *ab* + *ab* + *ab*.

Egg cells: *AB* + *AB* + *AB* + *AB* + *Ab* + *Ab* + *Ab* + *Ab* + *aB* + *aB* + *aB* + *aB* + *ab* + *ab* + *ab* + *ab*.

In the process of fertilization each pollen form unites on an average equally often with each egg cell form, so that each of the four pollen cells *AB* unites once with one of the forms of egg cell *AB*, *Ab*, *aB*, *ab*. In precisely the same way the rest of the pollen cells of the forms *Ab*, *aB*, *ab*, unite with all the other egg cells. We obtain therefore:

$$\frac{AB}{AB} + \frac{AB}{Ab} + \frac{AB}{aB} + \frac{AB}{ab} + \frac{Ab}{AB} + \frac{Ab}{Ab} + \frac{Ab}{aB} + \frac{Ab}{ab} +$$

$$\frac{aB}{AB} + \frac{aB}{Ab} + \frac{aB}{aB} + \frac{aB}{ab} + \frac{ab}{AB} + \frac{ab}{Ab} + \frac{ab}{aB} + \frac{ab}{ab},$$

or

$$AB + ABb + AaB + AaBb + ABb + Ab + AaBb + Aab +$$
$$AaB + AaBb + aB + aBb + AaBb + Aab + aBb + ab \quad =$$

$$AB + Ab + aB + ab + 2ABb + 2aBb + 2AaB + 2Aab + 4AaBb$$

In precisely similar fashion is the developmental series of hybrids exhibited when *three kinds of differentiating characters* are conjoined in them. The hybrids form eight various kinds of egg and pollen cells: *ABC*, *ABc*, *AbC*, *Abc*, *aBC*, *aBc*, *abC*, *abc*, and each pollen form unites itself again on the average once with each form of egg cell.

The law of combination of different characters which governs the development of the hybrids finds therefore its *foundation and explanation* in the principle enunciated, that the hybrids produce egg cells and pollen cells which in equal numbers represent all constant forms which result from the combinations of the characters brought together in fertilization.

EXPERIMENTS WITH HYBRIDS OF OTHER SPECIES OF PLANTS

It must be the object of further experiments to ascertain whether the law of development discovered for *Pisum* applies also to the hybrids of other plants. To this end several experiments were recently commenced. Two minor experiments with species of *Phaseolus* have been completed, and may be here mentioned.

An experiment with *Phaseolus vulgaris* and *Phaseolus nanus* gave results in perfect agreement. *Ph. nanus* had together with the dwarf axis, simply inflated, green pods. *Ph. vulgaris* had, on the other hand, an axis 10 ft. to 12 ft. high, and yellow colored pods, constricted when ripe. The ratios of the numbers in which the different forms appeared in the separate generations were the same as with *Pisum*. Also the development of the constant combinations resulted according to the law of simple combination of characters, exactly as in the case of *Pisum*. There were obtained:

Constant Combinations	Axis	Color of the unripe pods	Form of the unripe pods
1	long	green	inflated
2	"	"	constricted
3	"	yellow	inflated
4	"	"	constricted
5	short	green	inflated
6	"	"	constricted
7	"	yellow	inflated
8	"	"	constricted

The green color of the pod, the inflated forms, and the long axis were, as in *Pisum*, dominant characters.

Another experiment with two very different species of *Phaseolus* had only a partial result. *Phaseolus nanus*, L., served as seed parent, a perfectly constant species, with white flowers in short recemes and small white seeds in straight, inflated, smooth pods; as pollen parent was used *Ph. multiflorus*, W., with tall winding stem, purple–red flowers in very long racemes, rough, sickle–shaped crooked pods, and large seeds which bore black flecks and splashes on a peach–blood–red ground.

The hybrids had the greatest similarity to the pollen parent, but the flowers appeared less intensely colored. Their fertility was very limited; from 17 plants, which together developed many hundreds of flowers, only 49 seeds in all were obtained. These were of medium size, and were flecked and splashed similarly to those of *Ph. multiflorus*, while the ground color was not materially different. The next year 44 plants were raised from these seeds, of which only 31 reached the flowering stage. The characters of *Ph. nanus*, which had been altogether latent in the hybrids, reappeared in various combinations; their ratio, however, with relation to the dominant plants was necessarily very fluctuating owing to the small number of trial plants. With certain characters, as in those of the axis and the form of pod, it was, however, as in the case of *Pisum*, almost exactly 1:3.

Insignificant as the results of this experiment may be as regards the determination of the relative numbers in which the various forms appeared, it presents, on the other hand, the phenomenon of a remarkable change of color in the flowers and seed of the hybrids. In *Pisum* it is known that the characters of the flower– and seed–color present themselves unchanged in the first and further generations, and that the offspring of the hybrids display exclusively the one or the other of the characters of the original stocks. It is otherwise in the experiment we are considering. The white flowers and the seed–color of *Ph. nanus* appeared, it is true, at once in the first generation in one fairly fertile example, but the remaining 30 plants developed flower–colors which were of various grades of purple–red to pale violet. The coloring of the seed–coat was no less varied than that of the flowers. No plant could rank as fully fertile; many produced no fruit at all; others only yielded fruits from the flowers last produced, which did not ripen. From 15 plants only were well–developed seeds obtained. The greatest disposition to infertility was seen in the forms with preponderantly red flowers, since out of 16 of these only four yielded

세상에서 가장 쉬운 과학 수업 DNA 구조

ripe seeds. Three of these had a similar seed pattern to *Ph. multiflorus*, but with a more or less pale ground color; the fourth plant yielded only one seed of plain brown tint. The forms with preponderantly violet–colored flowers had dark brown, black–brown, and quite black seeds.

The experiment was continued through two more generations under similar unfavorable circumstances, since even among the offspring of fairly fertile plants there came again some which were less fertile and even quite sterile. Other flower–and seed–colors than those cited did not subsequently present themselves. The forms which in the first generation contained one or more of the recessive characters remained, as regards these, constant without exception. Also of those plants which possessed violet flowers and brown or black seed, some did not vary again in these respects in the next generation; the majority, however, yielded together with offspring exactly like themselves, some which displayed white flowers and white seed–coats. The red flowering plants remained so slightly fertile that nothing can be said with certainty as regards their further development.

Despite the many disturbing factors with which the observations had to contend, it is nevertheless seen by this experiment that the development of the hybrids, with regard to those characters which concern the form of the plants, follows the same laws as in *Pisum*. With regard to the color characters, it certainly appears difficult to perceive a substantial agreement. Apart from the fact that from the union of a white and a purple–red coloring a whole series of colors results, from purple to pale violet and white, the circumstance is a striking one that among 31 flowering plants only one received the recessive character of the white color, while in *Pisum* this occurs on the average in every fourth plant.

Even these enigmatic results, however, might probably be explained by the law governing *Pisum* if we might assume that the color of the flowers and seeds of *Ph. multiflorus* is a combination of two or more entirely independent colors, which individually act like any other constant character in the plant. If the flower–color A were a combination of the individual characters $A_1 + A_2 + \ldots$ which produce the total impression of a purple coloration, then by fertilization with the differentiating character, white color, a, there would be produced the hybrid unions $A_1a + A_2a + \ldots$ and so would it be with the corresponding coloring of the seed–coats. According to the above assumptions, each of these hybrid color unions would be independent, and would consequently develop quite independently from the others. It is then easily seen that from the combination of the separate developmental series a complete color–series must result. If, for instance, $A = A_1 + A_2$, then the hybrids A_1a and A_2a form the developmental series:

$$A_1 + 2\,A_1a + a$$
$$A_2 + 2\,A_2a + a$$

The members of this series can enter into nine different combinations, and each of these denotes another color:

1 A_1A_2	2 A_1aA_2	1 A_2a
2 A_1A_2a	4 A_1aA_2a	2 A_2aa
1 A_1a	2 A_1aa	1 aa

The figures prescribed for the separate combinations also indicate how many plants with the corresponding coloring belong to the series. Since the total is 16, the whole of the colors are on the average distributed over each 16 plants, but, as the series itself indicated, in unequal proportions.

Should the color development really happen in this way, we could offer an explanation of the case above described, namely that of the white flowers and seed–coat color only appeared once among 31 plants of the first generation. This coloring appears only once in the series, and could therefore also only be developed once in the average in each 16, and with three color characters only once even in 64 plants.

It must, nevertheless, not be forgotten that the explanation here attempted is based on a mere hypothesis, only supported by the very imperfect result of the experiment just described. It would, however, be well worth while to follow up the development of color in hybrids by similar experiments, since it is probable that in this way we might learn the significance of the extraordinary variety in the *coloring of our ornamental flowers*.

So far, little at present is known with certainty beyond the fact that the color of the flowers in most ornamental plants is an extremely variable character. The opinion has often been expressed that the stability of the species is greatly disturbed or entirely upset by cultivation, and consequently there is an inclination to regard the development of cultivated forms as a matter of chance devoid of rules; the coloring of ornamental plants is indeed usually cited as an example of great instability. It is, however, not clear why the simple

세상에서 가장 쉬운 과학 수업 DNA 구조

transference into garden soil should result in such a thorough and persistent revolution in the plant organism. No one will seriously maintain that in the open country the development of plants is ruled by other laws than in the garden bed. Here, as there, changes of type must take place if the conditions of life be altered, and the species possesses the capacity of fitting itself to its new environment. It is willingly granted that by cultivation the origination of new varieties is favored, and that by man's labor many varieties are acquired which, under natural conditions, would be lost; but nothing justifies the assumption that the tendency to formation of varieties is so extraordinarily increased that the species speedily lose all stability, and their offspring diverge into an endless series of extremely variable forms. Were the change in the conditions the sole cause of variability we might expect that those cultivated plants which are grown for centuries under almost identical conditions would again attain constancy. This, as is well known, is not the case since it is precisely under such circumstances that not only the most varied but also the most variable forms are found. It is only the *Leguminosae*, like *Pisum*, *Phaseolus*, *Lens*, whose organs of fertilization are protected by the keel, which constitute a noteworthy exception. Even here there have arisen numerous varieties during a cultural period of more than 1,000 years under most various conditions; these maintain, however, under unchanging environments a stability as great as that of species growing wild.

It is more than probable that as regards the variability of cultivated plants there exists a factor which so far has received little attention. Various experiments force us to the conclusion that our cultivated plants, with few exceptions, are *members of various hybrid series*, whose further development in conformity with law is varied and interrupted by frequent crossings *inter se*. The circumstance must not be overlooked that cultivated plants are mostly grown in great numbers and close together, affording the most favorable conditions for reciprocal fertilization between the varieties present and species itself. The probability of this is supported by the fact that among the great array of variable forms solitary examples are always found, which in one character or another remain constant, if only foreign influence be carefully excluded. These forms behave precisely as do those which are known to be members of the compound hybrid series. Also with the most susceptible of all characters, that of color, it cannot escape the careful observer that in the separate forms the inclination to vary is displayed in very different degrees. Among plants which arise from *one* spontaneous fertilization there are often some who offspring vary widely in the constitution and arrangement of the colors, while that of others shows little deviation, and among a greater number solitary examples occur which transmit the color of the flowers unchanged to their offspring. The cultivated species of *Dianthus* afford an instructive example of this. A white–flowered example of *Dianthus caryophyllus*, which itself was derived from a white–flowered variety, was shut up during its blooming period in a greenhouse; the numerous seeds obtained therefrom yielded plants entirely white–flowered like itself. A similar result was obtained from a sub–species, with red flowers somewhat flushed with violet, and one with flowers white, striped with red. Many others, on the other hand, which were similarly protected, yielded progeny which were more or less variously colored and marked.

Whoever studies the coloration which results in ornamental plants from similar fertilization can hardly escape the conviction that here also the development follows a definite law which possibly finds its expression *in the combination of several independent color characters*.

CONCLUDING REMARKS

It can hardly fail to be of interest to compare the observations made regarding *Pisum* with the results arrived at by the two authorities in this branch of knowledge, Kölreuter and Gärtner, in their investigations. According to the opinion of both, the hybrids in outward appearance present either a form intermediate between the original species, or they closely resemble either the one or the other type, and sometimes can hardly be discriminated from it. From their seeds usually arise, if the fertilization was effected by their own pollen, various forms which differ from the normal type. As a rule, the majority of individuals obtained by one fertilization maintain the hybrid form, while some few others come more like the seed parent, and one or other individual approaches the pollen parent. This, however, is not the case with hybrids without exception. Sometimes the offspring have more nearly approached, some the one and some the other of the two original stocks, or they all incline more to one or the other side; while in other cases *they remain perfectly like the hybrid* and continue constant in their offspring. The hybrids of varieties behave like hybrids of species, but they possess greater

세상에서 가장 쉬운 과학 수업 DNA 구조

variability of form and more pronounced tendency to revert to the original types.

With regard to the *form* of the hybrids and their development, as a rule an agreement with the observations made in *Pisum* is unmistakable. It is otherwise with the exceptional cases cited. Gärtner confesses even that the exact determination whether a form bears a greater resemblance to one or to the other of the two original species often involved great difficulty, so much depending upon the subjective point of view of the observer. Another circumstance could, however, contribute to render the results fluctuating and uncertain, despite the most careful observation and differentiation. For the experiments, plants were mostly used which rank as good species and are differentiated by a large number of characters. In addition to the sharply defined characters, where it is a question of greatly or less similarity, those characters must also be taken into account which are often difficult to define in words, but yet suffice, as every plant specialist knows, to give the forms a peculiar appearance. If it be accepted that the development of hybrids follows the law which is valid for *Pisum*, the series in each separate experiment must contain very many forms, since the number of terms, as is known, increases with the number of the differentiating characters as the powers of three. With a relatively small number of experimental plants the results therefore could only be approximately right, and in single cases might fluctuate considerably. If, for instance, the two original stocks differ in seven characters, and 100 – 200 plants were raised from the seeds of their hybrids to determine the grade of relationship of the offspring, we can easily see how uncertain the decision must become since for seven differentiating characters the combination series contains 16,384 individuals under 2,187 various forms; now one and then another relationship could assert its predominance, just according as chance presented this or that form to the observer in a majority of cases.

If, furthermore, there appear among the differentiating characters at the same time *dominant* characters, which are transmitted entire or nearly unchanged to the hybrids, then in the terms of the developmental series that one of the two original parents which possesses the majority of dominant characters must always be predominant. In the experiment described relative to *Pisum*, in which three kinds of differentiating characters were concerned, all the dominant characters belonged to the seed parent. Although the terms of the series in their internal composition approach both original parents equally, yet in this experiment the type of the seed parent obtained so great a preponderance that out of each 64 plants of the first generation 54 exactly resembled it, or only differed in one character. It is seen how rash it must be under such circumstances to draw from the external resemblances of hybrids conclusions as to their internal nature.

Gärtner mentions that in those cases where the development was regular among the offspring of the hybrids the two original species were not reproduced, but only a few individuals which approached them. With very extended developmental series it could not in fact be otherwise. For seven differentiating characters, for instance, among more than 16,000 individuals — offspring of the hybrids — each of the two original species would occur only once. It is therefore hardly possible that these should appear at all among a small number of experimental plants; with some probability, however, we might reckon upon the appearance in the series of a few forms which approach them.

We meet with an *essential difference* in those hybrids which remain constant in their progeny and propagate themselves as truly as the pure species. According to Gärtner, to this class belong the *remarkably fertile hybrids Aquilegia atropurpurea canadensis, Lavatera pseudolbia thuringiaca, Geum urbanorivale*, and some *Dianthus* hybrids; and, according to Wichura, the hybrids of the Willow family. For the history of the evolution of plants this circumstance is of special importance, since constant hybrids acquire the status of new species. The correctness of the facts is guaranteed by eminent observers, and cannot be doubted. Gärtner had an opportunity of following up *Dianthus Armeria deltoides* to the tenth generation, since it regularly propagated itself in the garden.

With *Pisum* it was shown by experiment that the hybrids form egg and pollen cells of *different* kinds, and that herein lies the reason of the variability of their offspring. In other hybrids, likewise, whose offspring behave similarly we may assume a like cause; for those, on the other hand, which remain constant the assumption appears justifiable that their reproductive cells are all alike and agree with the foundation–cell of the hybrid. In the opinion of renowned physiologists, for the purpose of propagation one pollen cell and one egg cells unite in Phanerogams[*] into a single cell, which is capable by

---

[*]   In Pisum it is placed beyond doubt that for the formation of the new embryo a perfect union of the elements of both reproductive cells must take place. How could we otherwise explain that among the offspring of the hybrids both original types reappear in equal numbers and with all their peculiarities? If the influence of the egg cell upon the pollen cell were only external, if it fulfilled the role of a nurse

assimilation and formation of new cells to become an independent organism. This development follows a constant law, which is founded on the material composition and arrangement of the elements which meet in the cell in a vivifying union. If the reproductive cells be of the same kind and agree with the foundation cell of the mother plant, then the development of the new individual will follow the same law which rules the mother plant. If it chance that an egg cell unites with a *dissimilar* pollen cell, we must then assume that between those elements of both cells, which determine opposite characters some sort of compromise is effected. The resulting compound cell becomes the foundation of the hybrid organism the development of which necessarily follows a different scheme from that obtaining in each of the two original species. If the compromise be taken to be a complete one, in the sense, namely, that the hybrid embryo is formed from two similar cells, in which the differences are *entirely and permanently accommodated* together, the further result follows that the hybrids, like any other stable plant species, reproduce themselves truly in their offspring. The reproductive cells which are formed in their seed vessels and anthers are of one kind, and agree with the fundamental compound cell.

With regard to those hybrids whose progeny is *variable* we may perhaps assume that between the differentiating elements of the egg and pollen cells there also occurs a compromise, in so far that the formation of a cell as the foundation of the hybrid becomes possible; but, nevertheless, the arrangement between the conflicting elements is only temporary and does not endure throughout the life of the hybrid plant. Since in the habit of the plant no changes are perceptible during the whole period of vegetation, we must further assume that it is only possible for the differentiating elements to liberate themselves from the enforced union when the fertilizing cells are developed. In the formation of these cells all existing elements participate in an entirely free and equal arrangement, by which it is only the differentiating ones which mutually separate themselves. In this way the production would be rendered possible of as many sorts of egg and pollen cells as there are combinations possible of the formative elements.

---

only, then the result of each fertilization could be no other than that the developed hybrid should exactly resemble the pollen parent, or at any rate do so very closely. This the experiments so far have in nowise confirmed. An evident proof of the complete union of the contents of both cells is afforded by the experience gained on all sides that it is immaterial, as regards the form of the hybrid, which of the original species is the seed parent or which the pollen parent.

The attribution attempted here of the essential difference in the development of hybrids to a *permanent or temporary union* of the differing cell elements can, of course, only claim the value of an hypothesis for which the lack of definite data offers a wide scope. Some justification of the opinion expressed lies in the evidence afforded by *Pisum* that the behavior of each pair of differentiating characters in hybrid union is independent of the other differences between the two original plants, and, further, that the hybrid produces just so many kinds of egg and pollen cells as there are possible constant combination forms. The differentiating characters of two plants can finally, however, only depend upon differences in the composition and grouping of the elements which exist in the foundation–cells of the same in vital interaction.

Even the validity of the law formulated for *Pisum* requires still to be confirmed, and a repetition of the more important experiments is consequently must to be desired, that, for instance, relating to the composition of the hybrid fertilizing cells. A differential may easily escape the single observer, which although at the outset may appear to be unimportant, yet accumulate to such an extent that it must not be ignored in the total result. Whether the variable hybrids of other plant species observe an entire agreement must also be first decided experimentally. In the meantime we may assume that in material points an essential difference can scarcely occur, since the unity in the developmental plant of organic life is beyond question.

In conclusion, the experiments carried out by Kölreuter, Gärtner, and others with respect to *the transformation of one species into another by artificial fertilization* merit special mention. Particular importance has been attached to these experiments and Gärtner reckons them "among the most difficult of all in hybridization."

If a species *A* is to be transformed into a species *B*, both must be united by fertilization and the resulting hybrids then be fertilized with the pollen of *B*; then, out of the various offspring resulting, that form would be selected which stood in nearest relation to *B* and once more be fertilized with *B* pollen, and so continuously until finally a form is arrived at which is like *B* and constant in its progeny. By this process the species *A* would change into the species *B*. Gärtner alone has effected 30 such experiments with plants of genera *Aquilegia*, *Dianthus*, *Geum*, *Lavatera*, *Lynchnis*, *Malva*, *Nicotiana*, and *Oenothera*. The period of transformation was not alike for all species. While with some a triple fertilization sufficed, with others this had to be repeated five or six times, and even in the same species fluctuations were observed in various experiments. Gärtner ascribes this difference to the circumstance that "the specific power by which a species, during reproduction, effects the change and transformation of the maternal type varies considerably in different plants, and that, consequently, the periods with which the one species is changed into the other must also vary, as also the number of generations, so that the transformation in some species is perfected in more, and in others in fewer generations". Further, the same observer remarks "that in these transformation experiments a good deal depends upon which type and which individual be chosen for further transformation".

If it may be assumed that in these experiments the constitution of the forms resulted in a similar way to that of *Pisum*, the entire process of transformation would find a fairly simple explanation. The hybrid forms as many kinds of egg cells as there are constant combinations possible of the characters conjoined therein, and one of these is always of the same kind as that of the fertilizing pollen cells. Consequently there always exists the possibility with all such experiments that even from the second fertilization there may result a constant form identical with that of the pollen parent. Whether this really be obtained depends in each separate case upon the number of the experimental plants, as well as upon the number of differentiating characters which are united by the fertilization. Let us, for instance, assume that the plants selected for experiment differed in three characters, and the species *ABC* is to be transformed into the other species *abc* by repeated fertilization with the pollen of the latter; the hybrids resulting from the first cross form eight different kinds of egg cells, namely:

$$ABC, ABc, AbC, aBC, Abc, aBc, abC, abc$$

These in the second year of experiment are united again with the pollen cells *abc*, and we obtain the series

$$AaBbCc + AaBbc + AabCc + aBbCc + Aabc + aBbc + abCc + abc$$

Since the form abc occurs once in the series of eight terms, it is consequently little likely that it would be missing among the experimental plants, even were these raised in a smaller number, and the transformation would be perfected already by a second fertilization. If by chance it did not appear, then the fertilization must be repeated with one of those forms nearest akin, *Aabc, aBbc, abCc*. It is perceived that such an experiment must extend the farther *the smaller the number of experimental plants and the larger the number of differentiating characters* in the two original species; and that, furthermore, in the same species there can easily occur a delay of one or even of two generations such as Gärtner observed. The transformation of widely divergent species could generally only be completed in five or six years of experiment, since the number of different egg cells which are formed in the hybrid increases as the powers of two with the number of differentiating characters.

Gärtner found by repeated experiments that the *respective period of transformation* varies in many species, so that frequently a species *A* can be transformed into a species *B* a generation sooner than can species *B* into species *A*. He deduces therefrom that Kölreuter's opinion can hardly be maintained that "the two natures in hybrids are perfectly in equilibrium". Experiments which in this connection were carried out with two species of *Pisum* demonstrated that as regards the choice of the fittest individuals for the purpose of further fertilization it may make a great difference which of two species is transformed into the other. The two experimental plants differed in five characters, while at the same time those of species *A* were all dominant and those of species *B* all recessive. For mutual transformation *A* was fertilized with pollen of *B*, and *B* with pollen of *A*, and this was repeated with both hybrids the following year. With the first experiment, *B/A*, there were 87 plants available in the third year of experiment for selection of the individuals for further crossing, and these were *of the possible 32 forms*; with the second experiment, *A/B*, 73 plants resulted, which *agreed throughout perfectly in habit with the pollen parent*; in their internal composition, however, they must have been just as varied as the forms in the other experiment. A definite selection was consequently only possible with the first experiment; with the second the selection had to be made at random, merely. Of the latter only a portion of the flowers were crossed with the *A* pollen, the others were left to fertilize themselves. Among each five plants which were selected in both experiments for fertilization there agreed, as the following year's culture showed, with the pollen parent:

1st Experiment	2nd Experiment			
2 plants	——	in	all	characters
3 plants	——	"	4	"
——	2 plants	"	3	"
——	2 plants	"	2	"
——	1 plant	"	1	character

In the first experiment, therefore, the transformation was completed; in the second, which was not continued further, two more fertilizations would probably have been required.

Although the case may not frequently occur in which the dominant characters belong exclusively to one or the other of the original parent plants, it will always make a difference *which* of the two possesses the majority of dominants. If the pollen parent has the majority, then the selection of forms for further crossing will afford a less degree of certainty than in the reverse case, which must imply a delay in the period of transformation, provided that the experiment is only considered as completed when a form is arrived at which not only exactly resembles the pollen parent in form, but also remains as constant in its progeny.

Gärtner, by the results of theses transformation experiments, was led to oppose the opinion of those naturalists who dispute the stability of plant species and believe in a continuous evolution of vegetation. He perceives in the complete transformation of one species into another an indubitable proof that species are fixed with limits beyond which they cannot change. Although this opinion cannot be unconditionally accepted we find on the other hand in Gärtner's experiments a noteworthy confirmation of that supposition regarding variability of cultivated plants which has already been expressed.

Among the experimental species there were cultivated plants, such as *Aquilegia atropurpurea* and *canadensis*, *Dianthus caryophyllus*, *chinensis*, and *japonicus*, *Nicotiana rustica* and *paniculata*, and hybrids between these species lost none of their stability after four or five generations.

SEX LIMITED INHERITANCE
IN DROSOPHILA

T. H. MORGAN

Woods Hole, Massachusetts

Morgan, T. H. 1910. Sex-limited inheritance in Drosophila, *Science,*
32: 120-122.

E S P

ELECTRONIC SCHOLARLY PUBLISHING

HTTP://WWW.ESP.ORG

세상에서 가장 쉬운 과학 수업 DNA 구조

Electronic Scholarly Publishing Project

ESP Foundations Reprint Series: Classical Genetics

Series Editor: Robert J. Robbins

The ESP Foundations of Classical Genetics project has received support from the ELSI component of the United States Department of Energy Human Genome Project. ESP also welcomes help from volunteers and collaborators, who recommend works for publication, provide access to original materials, and assist with technical and production work. If you are interested in volunteering, or are otherwise interested in the project, contact the series editor: *rrobbins@fhcrc.org*.

Bibliographical Note

This ESP edition, first electronically published in 2000, is a newly typeset, unabridged version, based on the original paper as it appeared in *Science* in 1910.

Production Credits

Scanning of originals:	ESP staff
OCRing of originals:	ESP staff
Typesetting:	ESP staff
Proofreading/Copyediting:	ESP staff
Graphics work:	ESP staff
Copyfitting/Final production:	ESP staff

모건 논문 영문본

INTRODUCTION

After Mendel's work was rediscovered in 1900, many researchers worked to confirm and extend his findings. Although a possible relationship between genes and chromosomes was suggested almost immediately[1], proof of that relationship, or even evidence that genes were physical objects, remained elusive. To many, the gene served only as a theoretical construct, conveniently invoked to explain observed inheritance patterns.

In 1910, when T. H. Morgan published the results of his work on an atypical male fruit fly that appeared in his laboratory, all this began to change. Normally *Drosophila melanogaster* have red eyes, but Morgan's new fly had white eyes. To study the genetics of the white-eye trait, Morgan crossed the original white-eyed male with a red-eyed female and obtained the following results:

	males	females
P	white eyes	red eyes
F_1	all red	all red
F_2	½ red ½ white	all red all red

Because the trait first seemed to occur only in males, Morgan referred to it as a "sex-limited" trait. However, after the first cross, he mated the original male with some of the F_1 red-eyed females and obtained approximately equal numbers of red- and white-eyed males and females among the progeny. Thus the trait proved to be sex-related, not sex-limited.

Beginning on page 2, Morgan presents a possible explanation of his results. His analysis can be difficult for a modern reader to follow because he represents the crosses using a symbology that is not in use today, and because he uses his symbology inconsistently (see footnote

---

[1] For examples, see:

Cannon, W. A. 1902. A Cytological Basis for the Mendelian Law. *Bulletin of the Torrey Botanical Club,* 29: 657–661.

Sutton, Walter S. 1902. On the Morphology of the Chromosome Group in *Brachystola magna*, *Biological Bulletin*, 4: 24–39.

Sutton, W. S. 1903. The chromosomes in heredity. *Biological Bulletin*, 4:231–251.

on page 5). At one point, there is even a typographical error in the symbols that adds to the confusion (see footnote, page 3).

Morgan uses the letter "X" to represent the X chromosome, the letter "R" to represent the allele for red eyes, and the letter "W" to represent the allele for white eyes. He begins his analysis (page 2) by representing the X chromosome and the R and W alleles separately:

> When the white-eyed male (sport) is crossed with his red-eyed sisters, the following combinations result:
>
> WX — W (male)
> RX — RX (female)
> ---
> RWXX (50%) — RWX (50%)
> Red female — Red male

Here, the symbols above the line represent the gametes produced by the participants in the cross, and the symbols below the line represent the genotypes that will be produced when these gametes combine at random. A current approach would be to represent this with a Punnett square, as:

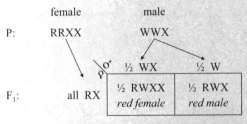

Morgan goes on to describe the cross between the males and females of the F_1 as:

> When these F_1 individuals are mated, the following table shows the expected combinations that result:
>
> RX — WX (F_1 female)
> RX — W (F_1 male)
> ---
> RRXX — RWXX — RWX — WWX
> (25%) — (25%) — (25%) — (25%)
> Red — Red — Red — White
> female — female — male — male

Again, a Punnett square can be used to represent this cross in a manner that is more familiar to a modern reader:

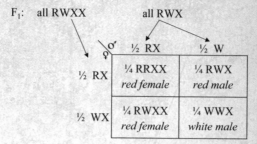

F_1: all RWXX   all RWX

	½ RX	½ W
½ RX	¼ RRXX *red female*	¼ RWX *red male*
½ WX	¼ RWXX *red female*	¼ WWX *white male*

Although Morgan used separate symbols for the X chromosome and for the eye-color alleles, it is clear that he believes that they in fact have a physical relationship. At the beginning of the paper (bottom, page 2), he notes:

> In order to obtain these results it is necessary to assume . . . that, when the two classes of the spermatozoa are formed in the F_1 red male (RWX), R and X go together—otherwise the results will not follow (with the symbolism here used). This all-important point can not be fully discussed in this communication.

And, at the end of the paper (bottom, page 5), he concludes:

> It now becomes evident why we found it necessary to assume a coupling of R and X in one of the spermatozoa of the red-eyed F_1 hybrid (RXO). *The fact is that this R and X are combined, and have never existed apart.* (emphasis added)

Morgan is clearly interpreting his results on the assumption that the gene for eye color is physically attached to, or carried on, the X chromosome, although he does not make that claim explicitly in his paper.

Just one year earlier, Morgan had published a paper[1] in which he criticized Mendelian methods as they were generally used and he emphasized the hypothetical nature of the gene:

> In the modern interpretation of Mendelism, facts are being transformed into factors at a rapid rate. If one factor will not explain the facts, then two are invoked; if two prove insufficient, three will sometimes work out. The superior jugglery sometimes necessary to account for the result, may blind us, if taken too naïvely, to the common-place that the results are often so excellently "explained" because the explanation was invented to explain them. We work backwards from the facts to the factors, and then, presto! explain the facts by the very factors that we invented to account for them. I am

---

[1] Morgan, T. H., 1909. What are "Factors" in Mendelian Explanations? *American Breeders Association Reports*, 5:365-368.

not unappreciative of the distinct advantages that this method has in handling the facts. I realize how valuable it has been to us to be able to marshal our results under a few simple assumptions, yet I cannot but fear that we are rapidly developing a sort of Mendelian ritual by which to explain the extraordinary facts of alternative inheritance. So long as we do not lose sight of the purely arbitrary and formal nature of our formulae, little harm will be done; and it is only fair to state that those who are doing the actual work of progress along Mendelian lines are aware of the hypothetical nature of the factor-assumption. But those who know the results at second hand and hear the explanations given, almost invariably in terms of factors, are likely to exaggerate the importance of the interpretations and to minimize the importance of the facts.

In this present paper, however, Morgan is providing the first evidence that genes are real, physical objects, located on chromosomes, with properties that can be manipulated and studied experimentally. The white-eyed fly provided the foundation upon which Morgan and his students would establish the modern theory of the gene. More X-linked mutants followed and soon Alfred H. Sturtevant, then a nineteen-year-old undergraduate, arranged them into the first genetic map[1].

Despite the success of Morgan and his students, a few scientists still doubted the chromosome theory of inheritance—that is, the idea that genes are real, physical objects that are carried on chromosomes. The skeptics noted that although the alleles for red and white eye color *behaved* in a manner wholly analogous to that of the X chromosomes, conclusive *proof* of the physical attachment of the alleles to the X chromosome had not yet been offered. Such a demonstration would require the establishment of a relationship between the abnormal, as well as the normal, assortment of alleles and chromosomes. Another of Morgan's students, Calvin Bridges, provided just that as proof of the chromosomal theory of inheritance

Bridges first published his work in 1913 as a short paper in *Science*[2], then in 1916 as a longer paper that appeared as the first article in the first volume of the new journal *Genetics*[3]. These papers are also

---

[1] Sturtevant, A. H. 1913. The linear arrangement of six sex-linked factors in Drosophila, as shown by their mode of association. *Journal of Experimental Zoology,* 14: 43-59.

[2] Bridges, C. B. 1913. Direct proof through non-disjunction that the sex-linked genes of Drosophila are borne on the X-chromosome. *Science*, NS vol XL: 107–109.

[3] Bridges, C. B.. 1916. Non-disjunction as proof of the chromosome theory of inheritance. *Genetics* 1:1–52, 107-163.

available as digital reprints from the Electronic Scholarly Publishing project.

In 1915, Morgan and his students summarized their work in a monograph—*The Mechanism of Mendelian Heredity*. This book provided the foundation for modern genetics by laying out a comprehensive argument for interpreting the chromosomes as the material basis of inheritance.

Robert J. Robbins
Seattle, Washington 2000

Morgan, T. H. 1910. Sex-limited inheritance in Drosophila, *Science*, 32: 120-122.

SEX LIMITED INHERITANCE

IN DROSOPHILA

T. H. MORGAN

Woods Hole, Massachusetts

In a pedigree culture of *Drosophila* which had been running for nearly a year through a considerable number of generations, a male appeared with white eyes. The normal flies have brilliant red eyes.

The white-eyed male, bred to his red-eyed sisters, produced 1,237 red-eyed offspring, (F_1), and 3 white-eyed males. The occurrence of these three white-eyed males (F_1) (due evidently to further sporting) will, in the present communication, be ignored.

The F_1 hybrids, inbred, produced:

> 2,459   red-eyed females,
> 1,011   red-eyed males,
> 782   white-eyed males.

No white-eyed females appeared. The new character showed itself therefore to be sex limited in the sense that it was transmitted only to the grandsons. But that the character is not incompatible with femaleness is shown by the following experiment.

The white-eyed male (mutant) was later crossed with some of his daughters (F_1), and produced:

> 129   red-eyed females,
> 132   red-eyed males,
> 88   white-eyed females,
> 86   white-eyed males.

The results show that the new character, white eyes, can be carried over to the females by a suitable cross, and is in consequence in this sense not limited to one sex. It will be noted that the four classes of individuals occur in approximately equal numbers (25 per cent.).

AN HYPOTHESIS TO ACCOUNT FOR THE RESULTS

The results just described can be accounted for by the following hypothesis. Assume that all of the spermatozoa of the white-eyed male carry the "factor" for white eyes "W"; that half of the spermatozoa carry a sex factor "X," the other half lack it, *i.e.*, the male is heterozygous for sex. Thus the symbol for the male is "WWX," and for his two kinds of spermatozoa WX–W.

Assume that all of the eggs of the red-eyed female carry the red-eyed "factor" R; and that all of the eggs (after reduction) carry one X each, the symbol for the red-eyed female will be therefore RRXX and that for her eggs will be RX–RX.

When the white-eyed male (sport) is crossed with his red-eyed sisters, the following combinations result:

WX	—	W	(male)
RX	—	RX	(female)

RWXX (50%)	—	RWX (50%)
Red female		Red male

When these F_1 individuals are mated, the following table shows the expected combinations that result:

RX	—	WX	(F_1 female)
RX	—	W	(F_1 male)

RRXX	—	RWXX	—	RWX	—	WWX
(25%)		(25%)		(25%)		(25%)
Red		Red		Red		White
female		female		male		male

It will be seen from the last formula that the outcome is Mendelian in the sense that there are three reds to one white. But it is also apparent that all of the whites are confined to the male sex.

It will also be noted that there are two classes of red females—one pure RRXX and one hybrid RWXX—but only one class of red males (RWX). This point will be taken up later. In order to obtain these results it is necessary to assume, as in the last scheme, that, when the two classes of the spermatozoa are formed in the F_1 red male (RWX), R

세상에서 가장 쉬운 과학 수업 DNA 구조

and X go together—otherwise the results will not follow (with the symbolism here used). This all-important point can not be fully discussed in this communication.

The hypothesis just utilized to explain these results first obtained can be tested in several ways.

VERIFICATION OF HYPOTHESIS

First Verification.—If the symbol for the white male is WWX, and for the white female WWXX, the germ cells will be WX–W (male) and WX–WX (female), respectively. Mated, these individuals should give

$$
\begin{array}{rcl}
\text{WX} & — & \text{W} \quad \text{(male)} \\
\text{WX} & — & \text{WX} \quad \text{(female)}
\end{array}
$$

WWXX (50%)	—	WWX (50%)
White female		White male

All of the offspring should be white, and male and female in equal numbers; this in fact is the case.

Second Verification.—As stated there should be two classes of female in the F_2 generation, namely, RRXX and RWXX. This can be tested by pairing individual females with white males. In the one instance (RRXX) all the offspring should be red—

$$
\begin{array}{rcl}
\text{RX} & — & \text{RX} \quad \text{(female)} \\
\text{WX} & — & \text{W} \quad \text{(male)}
\end{array}
$$

$$ \text{RWXX} \quad — \quad \text{RWX} $$

and in the other instance (RWXX) there should be four classes of individuals in equal numbers, thus:

$$
\begin{array}{rcl}
\text{RX} & — & \text{WX} \quad \text{(female)} \\
\text{WX} & — & \text{W} \quad \text{(male)}
\end{array}
$$

$$ \text{RWXX} \; — \; \text{WWXX} \; — \; \text{RWX} \; — \; \text{WWX} $$

Tests of the F_2 red females show in fact that these two classes exist.

Third Verification.—The red F_1 females should all be RWXX, and should give with any white male the four combinations last described. Such in fact is found to be the case.

Fourth Verification.—The red F_1 males (RWX) should also be heterozygous. Crossed with white females (WWXX) all the female offspring should be red-eyed, and all the male offspring white-eyed, thus:

$$\frac{\begin{array}{ccc} RX & — & W & \text{(red male)} \\ WX & — & WX & \text{(white female)} \end{array}}{RWXX \quad — \quad WWX}$$

Here again the anticipation was verified, for all of the females were red-eyed and all of the males were white-eyed.

CROSSING THE NEW TYPE WITH WILD MALES AND FEMALES

A most surprising fact appeared when a white-eyed female was paired to a wild, red-eyed male, *i.e.*, to an individual of an unrelated stock. The anticipation was that wild males and females alike carry the factor for red eyes, but the experiments showed that all wild males are heterozygous for red eyes, and that all the wild females are homozygous. Thus when the white-eyed female is crossed with a wild red-eyed male, all of the female offspring are red-eyed, and all of the male offspring white-eyed. The results can be accounted for on the assumption that the wild male is RWX. Thus:

$$\frac{\begin{array}{ccc} RX & — & W & \text{(red male)} \\ WX & — & WX & \text{(white female)} \end{array}}{RWXX\ (50\%) \quad — \quad WWX\ (50\%)}$$

The converse cross between a white-eyed male WWX[1] and a wild, red-eyed female shows that the wild female is homozygous both for X and for red eyes. Thus:

$$\frac{\begin{array}{ccc} WX & — & W & \text{(white male)} \\ RX & — & RX & \text{(red female)} \end{array}}{RWXX\ (50\%) \quad — \quad RWX\ (50\%)}$$

The results give, in fact, only red males and females in equal numbers.

---

[1] Here, the original reads "RWX" — not "WWX" as it should. This is clearly a typographical error, since the immediately following diagram of the cross shows the male producing only WX and W gametes. (Note added for ESP digital-reprint publication.)

GENERAL CONCLUSIONS

The most important consideration from these results is that in every point they furnish the converse evidence from that given by Abraxas as worked out by Punnett and Raynor. The two cases supplement each other in every way, and it is significant to note in this connection that in nature only females of the sport *Abraxas lacticolor* occur, while in *Drosophila* I have obtained only the male sport. Significant, too, is the fact that analysis of the result shows that the wild female *Abraxas grossulariata* is heterozygous for color and sex, while in *Drosophila* it is the male that is heterozygous for these two characters.

Since the wild males (RWX) are heterozygous for red eyes, and the female (RXRX[1]) homozygous, it seems probable that the sport arose from a change in a single egg of such a sort that instead of being RX (after reduction) the red factor dropped out, so that RX became WX or simply OX. If this view is correct it follows that the mutation took place in the egg of a female from which a male was produced by combination with the sperm carrying no X, no R (or W in our formulae). In other words, if the formula for the eggs of the normal female is RX–RX, then the formula for the particular egg that sported will be WX; *i.e.*, one R dropped out of the egg leaving it WX (or no R and one X), which may be written OX. This egg we assume was fertilized by a male-producing sperm. The formula for the two classes of spermatozoa is RX–O. The latter, O, is the male-producing sperm, which combining with the egg OX (see above) gives OOX (or WWX), which is the formula for the white-eyed male mutant.

The transfer of the new character (white eyes) to the female (by crossing a white-eyed male, OOX to a heterozygous female (F$_1$)) can therefore be expressed as follows:

$$OX \quad - \quad O \quad \text{(white male)}$$
$$RX \quad - \quad OX \quad \text{(F}_1 \text{ female)}$$

RXOX	—	RXO	—	OOXX	—	OOX
Red		Red		White		White
female		male		female		male

It now becomes evident why we found it necessary to assume a coupling of R and X in one of the spermatozoa of the red-eyed F$_1$

---

[1] Morgan uses his symbology inconsistently at different points within this paper. Here he refers to the wild type female as RXRX. but earlier (page 2) he had been using RRXX. (Note added for ESP digital-reprint publication.)

hybrid (RXO). The fact is that this R and X are combined, and have never existed apart.

It has been assumed that the white-eyed mutant arose by a male-producing sperm (O) fertilizing an egg (OX) that had mutated. It may be asked what would have been the result if a female-producing sperm (RX) had fertilized this egg (OX)? Evidently a heterozygous female RXOX would arise, which, fertilized later by any normal male (RX–O) would produce in the next generation pure red females RRXX, red heterozygous females RXOX, red males RXO, and white males OOX (25 per cent.). As yet I have found no evidence that white-eyed sports occur in such numbers. Selective fertilization may be involved in the answer to this question.

Postscript: The Cross in Modern Symbols

Modern symbolism combines the symbols for genes and chromosomes by placing superscripts, representing alleles, on an "X", representing the X chromosome. Alleles for recessive mutants are represented with a lower-case letter, while the normal allele is represented by the same letter with a superscript "+".

To represent Morgan's findings in modern symbols, let:

X^{w^+} = an X chromosome with the dominant, red-eye allele,

X^w = an X chromosome with the recessive, white-eye allele,

Y = the Y chromosome, with no allele for eye color.

Since *Drosophila* females have two X chromosomes, whereas males have one X and one Y, Morgan's original cross can be diagrammed as below.

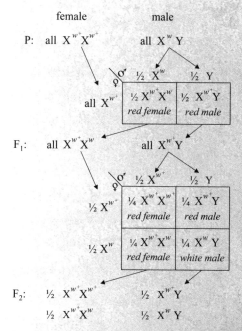

equipment, and to Dr. G. E. R. Deacon and the captain and officers of R.R.S. *Discovery II* for their part in making the observations.

[1] Young, F. B., Gerrard, H., and Jevons, W., *Phil. Mag.*, **40**, 149 (1920).

[2] Longuet-Higgins, M. S., *Mon. Not. Roy. Astro. Soc., Geophys. Supp.*, **5**, 285 (1949).

[3] Von Arx, W. S., Woods Hole Papers in Phys. Oceanog. Meteor., **11** (3) (1950).

[4] Ekman, V. W., *Arkiv. Mat. Astron. Fysik. (Stockholm)*, **2** (11) (1905).

MOLECULAR STRUCTURE OF NUCLEIC ACIDS

A Structure for Deoxyribose Nucleic Acid

WE wish to suggest a structure for the salt of deoxyribose nucleic acid (D.N.A.). This structure has novel features which are of considerable biological interest.

A structure for nucleic acid has already been proposed by Pauling and Corey[1]. They kindly made their manuscript available to us in advance of publication. Their model consists of three intertwined chains, with the phosphates near the fibre axis, and the bases on the outside. In our opinion, this structure is unsatisfactory for two reasons: (1) We believe that the material which gives the X-ray diagrams is the salt, not the free acid. Without the acidic hydrogen atoms it is not clear what forces would hold the structure together, especially as the negatively charged phosphates near the axis will repel each other. (2) Some of the van der Waals distances appear to be too small.

Another three-chain structure has also been suggested by Fraser (in the press). In his model the phosphates are on the outside and the bases on the inside, linked together by hydrogen bonds. This structure as described is rather ill-defined, and for this reason we shall not comment on it.

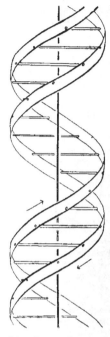

We wish to put forward a radically different structure for the salt of deoxyribose nucleic acid. This structure has two helical chains each coiled round the same axis (see diagram). We have made the usual chemical assumptions, namely, that each chain consists of phosphate di-ester groups joining β-D-deoxy-ribofuranose residues with 3′,5′ linkages. The two chains (but not their bases) are related by a dyad perpendicular to the fibre axis. Both chains follow right-handed helices, but owing to the dyad the sequences of the atoms in the two chains run in opposite directions. Each chain loosely resembles Fur-berg's[2] model No. 1 ; that is, the bases are on the inside of the helix and the phosphates on the outside. The configuration of the sugar and the atoms near it is close to Furberg's 'standard configuration', the sugar being roughly perpendi-cular to the attached base. There

This figure is purely diagrammatic. The two ribbons symbolize the two phosphate—sugar chains, and the hori-zontal rods the pairs of bases holding the chains together. The vertical line marks the fibre axis

is a residue on each chain every 3·4 A. in the z-direc-tion. We have assumed an angle of 36° between adjacent residues in the same chain, so that the structure repeats after 10 residues on each chain, that is, after 34 A. The distance of a phosphorus atom from the fibre axis is 10 A. As the phosphates are on the outside, cations have easy access to them.

The structure is an open one, and its water content is rather high. At lower water contents we would expect the bases to tilt so that the structure could become more compact.

The novel feature of the structure is the manner in which the two chains are held together by the purine and pyrimidine bases. The planes of the bases are perpendicular to the fibre axis. They are joined together in pairs, a single base from one chain being hydrogen-bonded to a single base from the other chain, so that the two lie side by side with identical z-co-ordinates. One of the pair must be a purine and the other a pyrimidine for bonding to occur. The hydrogen bonds are made as follows : purine position 1 to pyrimidine position 1 ; purine position 6 to pyrimidine position 6.

If it is assumed that the bases only occur in the structure in the most plausible tautomeric forms (that is, with the keto rather than the enol configurations) it is found that only specific pairs of bases can bond together. These pairs are : adenine (purine) with thymine (pyrimidine), and guanine (purine) with cytosine (pyrimidine).

In other words, if an adenine forms one member of a pair, on either chain, then on these assumptions the other member must be thymine ; similarly for guanine and cytosine. The sequence of bases on a single chain does not appear to be restricted in any way. However, if only specific pairs of bases can be formed, it follows that if the sequence of bases on one chain is given, then the sequence on the other chain is automatically determined.

It has been found experimentally[3,4] that the ratio of the amounts of adenine to thymine, and the ratio of guanine to cytosine, are always very close to unity for deoxyribose nucleic acid.

It is probably impossible to build this structure with a ribose sugar in place of the deoxyribose, as the extra oxygen atom would make too close a van der Waals contact.

The previously published X-ray data[5,6] on deoxyribose nucleic acid are insufficient for a rigorous test of our structure. So far as we can tell, it is roughly compatible with the experimental data, but it must

세상에서 가장 쉬운 과학 수업 DNA 구조

be regarded as unproved until it has been checked against more exact results. Some of these are given in the following communications. We were not aware of the details of the results presented there when we devised our structure, which rests mainly though not entirely on published experimental data and stereochemical arguments.

It has not escaped our notice that the specific pairing we have postulated immediately suggests a possible copying mechanism for the genetic material.

Full details of the structure, including the conditions assumed in building it, together with a set of co-ordinates for the atoms, will be published elsewhere.

We are much indebted to Dr. Jerry Donohue for constant advice and criticism, especially on interatomic distances. We have also been stimulated by a knowledge of the general nature of the unpublished experimental results and ideas of Dr. M. H. F. Wilkins, Dr. R. E. Franklin and their co-workers at

King's College, London. One of us (J. D. W.) has been aided by a fellowship from the National Foundation for Infantile Paralysis.

J. D. Watson
F. H. C. Crick
Medical Research Council Unit for the
Study of the Molecular Structure of
Biological Systems,
Cavendish Laboratory, Cambridge.
April 2.

[1] Pauling, L., and Corey, R. B., *Nature*, **171**, 346 (1953); *Proc. U.S. Nat. Acad. Sci.*, **39**, 84 (1953).
[2] Furberg, S., *Acta Chem. Scand.*, **6**, 634 (1952).
[3] Chargaff, E., for references see Zamenhof, S., Brawerman, G., and Chargaff, E., *Biochim. et Biophys. Acta*, **9**, 402 (1952).
[4] Wyatt, G. R., *J. Gen. Physiol.*, **36**, 201 (1952).
[5] Astbury, W. T., Symp. Soc. Exp. Biol. 1, Nucleic Acid, 66 (Camb. Univ. Press, 1947).
[6] Wilkins, M. H. F., and Randall, J. T., *Biochim. et Biophys. Acta*, **10**, 192 (1953).

Molecular Structure of Deoxypentose Nucleic Acids

WHILE the biological properties of deoxypentose nucleic acid suggest a molecular structure containing great complexity, X-ray diffraction studies described here (cf. Astbury[1]) show the basic molecular configuration has great simplicity. The purpose of this communication is to describe, in a preliminary way, some of the experimental evidence for the polynucleotide chain configuration being helical, and existing in this form when in the natural state. A fuller account of the work will be published shortly.

The structure of deoxypentose nucleic acid is the same in all species (although the nitrogen base ratios alter considerably) in nucleoprotein, extracted or in cells, and in purified nucleate. The same linear group of polynucleotide chains may pack together parallel in different ways to give crystalline[1-3], semi-crystalline or paracrystalline material. In all cases the X-ray diffraction photograph consists of two regions, one determined largely by the regular spacing of nucleotides along the chain, and the other by the longer spacings of the chain configuration. The sequence of different nitrogen bases along the chain is not made visible.

Oriented paracrystalline deoxypentose nucleic acid ('structure *B*' in the following communication by Franklin and Gosling) gives a fibre diagram as shown in Fig. 1 (cf. ref. 4). Astbury suggested that the strong 3·4-A. reflexion corresponded to the inter-nucleotide repeat along the fibre axis. The $\sim$ 34 A. layer lines, however, are not due to a repeat of a polynucleotide composition, but to the chain configuration repeat, which causes strong diffraction as the nucleotide chains have higher density than the interstitial water. The absence of reflexions on or near the meridian immediately suggests a helical structure with axis parallel to fibre length.

Diffraction by Helices

It may be shown[5] (also Stokes, unpublished) that the intensity distribution in the diffraction pattern of a series of points equally spaced along a helix is given by the squares of Bessel functions. A uniform continuous helix gives a series of layer lines of spacing corresponding to the helix pitch, the intensity distribution along the nth layer line being proportional to the square of J_n, the nth order Bessel function. A straight line may be drawn approximately through

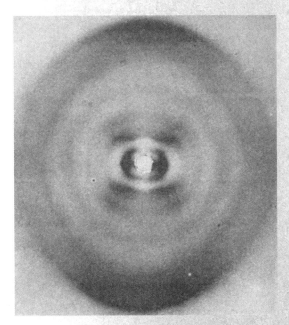

Fig. 1. Fibre diagram of deoxypentose nucleic acid from *B. coli*. Fibre axis vertical

the innermost maxima of each Bessel function and the origin. The angle this line makes with the equator is roughly equal to the angle between an element of the helix and the helix axis. If a unit repeats n times along the helix there will be a meridional reflexion $(J_0{}^2)$ on the nth layer line. The helical configuration produces side-bands on this fundamental frequency, the effect[5] being to reproduce the intensity distribution about the origin around the new origin, on the nth layer line, corresponding to C in Fig. 2.

We will now briefly analyse in physical terms some of the effects of the shape and size of the repeat unit or nucleotide on the diffraction pattern. First, if the nucleotide consists of a unit having circular symmetry about an axis parallel to the helix axis, the whole diffraction pattern is modified by the form factor of the nucleotide. Second, if the nucleotide consists of a series of points on a radius at right-angles to the helix axis, the phases of radiation scattered by the helices of different diameter passing through each point are the same. Summation of the corresponding Bessel functions gives reinforcement for the inner-

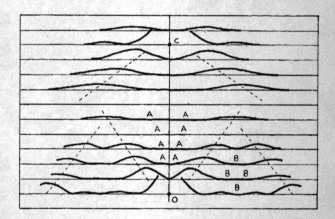

Fig. 2. Diffraction pattern of system of helices corresponding to structure of deoxypentose nucleic acid. The squares of Bessel functions are plotted about 0 on the equator and on the first, second, third and fifth layer lines for half of the nucleotide mass at 20 Å. diameter and remainder distributed along a radius, the mass at a given radius being proportional to the radius. About C on the tenth layer line similar functions are plotted for an outer diameter of 12 Å.

세상에서 가장 쉬운 과학 수업 DNA 구조

위대한 논문과의 만남을 마무리하며

일반인들이 과학, 특히 물리학 하면 '넘사벽이다'라고 생각하겠지요. 제가 외국 사람들을 만나서 얘기할 때마다 느끼는 점은 그들은 고등학교까지 과학을 너무 재미있게 배웠다고 하더군요. 그래서인지 과학에 대해 상당히 많이 알고 있는 일반인들이 많았습니다. 그래서 노벨 과학상도 많이 나오는 게 아닐까 생각해요. 우리는 노벨 과학상 수상자가 한 명도 없는 나라입니다. 이제 일반인의 과학 수준을 높여 노벨 과학상 수상자가 매년 나오는 나라가 되게 하고 싶다는 게 제 소망입니다. 일반인들의 과학 수준이 높아지면 교수들이 연구를 게을리하는 일은 없어지지 않을까요?

끝으로 용기를 내서 이 책의 출간을 결정해준 성림원북스의 이성림 사장과 직원들에게 감사를 드립니다. 이 책의 초안이 나왔을 때, 이 책에 수식이 많아 출판사들이 꺼릴 것 같다는 생각을 많이 가졌습니다. 성림원북스를 시작으로 몇 군데 출판사에 출판을 의뢰한 후 거절당하면 블로그에 올릴 생각으로 글을 써 내려갔습니다. 놀랍게도 첫 번째로 이 원고에 대해 이야기를 나눈 성림원북스에서 출간을 결정해주어서 이 책이 나올 수 있게 되었습니다. 이 책을 쓰는 데 필요한 프랑스 논문의 번역을 도와준 아내에게도 감사를 드립니다. 그리고 이 책을 쓸 수 있도록 멋진 논문을 만든 고 닐스 보어 박사님에게도 감사를 드립니다.

진주에서 정완상 교수

이 책을 위해 참고한 논문들

1장

[1] Robert Hooke, Micrographia, The Royal Society, 1665.

[2] Flemming, W., Studien uber die Entwicklungsgeschichte der Najaden. Sitzungsgeber. Akad. Wiss. Wien 71, 1875.

[3] Fleming, A., "On a remarkable bacteriolytic element found in tissues and secretions", Proceedings of the Royal Society B. 93(653): 1922.

2장

[1] Carl Linnaeus, Genera Plantarum, 라이든, 네덜란드, 1737.

[2] Lyell, Charles, Principles of geology, London: John Murray, 1830.

[3] C. Darwin, On the Origin of Species, London: John Murray, 1859.

3장

[1] Mendel, J.G.(1866), "Versuche über Pflanzenhybriden", Verhandlungen des naturforschenden Vereines in Brünn, Bd. IV für das Jahr, 1865, Abhandlungen.

[2] Correns, Carl(1900), "G. Mendel's Regel über das Verhalten der Nachkommenschaft der Rassenbastarde", *Berichte der*

세상에서 가장 쉬운 과학 수업 DNA 구조

Deutschen Botanischen Gesellschaft . 18.

[3] NM Stevens(1905), "A Study of the Germ Cells of *Aphis rosae and Aphis oenotherae*", *Journal of Experimental Zoology* 2(3).

4장

[1] Miescher, Friedrich(1871), "Ueber die chemische Zusamm ensetzung der Eiterzellen", Medicinisch—chemische Untersu chungen, 4.

[2] Wilkins, M. H., Stokes, A. R., Wilson, H. R.(1953), "Molecular structure of deoxypentose nucleic acids", Nature, 171(4356).

[3] Franklin, RE, Gosling, RG(1953), "Evidence for 2—chain helix in crystalline structure of sodium deoxyribonucleate", Nature, 172(4369).

[4] Watson, J. D., Crick, F. H.(1953), "A structure for deoxyribose nucleic acids"(PDF), Nature, 171(4356).

노벨 생리의학상 수상자들을 소개합니다

이 책에 언급된 노벨상 수상자는 이름 앞에 ★로 표시하였습니다.

연도	수상자	수상 이유
1901	에밀 아돌프 폰 베링	디프테리아에 대한 혈청 요법 및 그 적용에 대한 연구
1902	로널드 로스	말라리아가 유기체에 어떻게 침투하는지 보여줌으로써 이 질병과 그 퇴치 방법에 대한 성공적인 연구의 토대를 마련한 공로
1903	닐스 라이버그 핀센	집중 광선 방사선을 이용한 질병, 특히 심상성 루푸스 치료에 기여
1904	★이반 페트로비치 파블로프	소화 생리학(조건반사)에 대한 업적을 인정받아
1905	로버트 코흐	결핵에 관한 연구와 발견
1906	카밀로 골지	신경계 구조에 관한 연구를 인정받아
	산티아고 라몬 이 카할	
1907	찰스 루이 알퐁스 라베랑	질병(말라리아)을 일으키는 원생동물의 역할에 관한 연구를 인정받아
1908	일리아 일리치 메치니코프	면역에 관한 연구
	폴 에를리히	
1909	에밀 테오도르 코허	갑상선의 생리학, 병리학 및 수술에 관한 연구
1910	알브레히트 코셀	핵물질을 포함한 단백질에 관한 연구를 통해 세포 화학 지식에 공헌한 공로
1911	알바 굴스트랜드	눈의 굴절계에 관한 연구
1912	알렉시스 카렐	혈관 봉합 및 혈관 및 장기 이식에 대한 업적을 인정받아
1913	찰스 로버트 리셰	과민증에 관한 연구의 공로를 인정받아
1914	로버트 바라니	전정 기관의 생리학 및 병리학에 관한 연구

세상에서 가장 쉬운 과학 수업 DNA 구조

1915	수상자 없음	
1916		
1917		
1918		
1919	쥘 보르데	면역반응의 항원과 항체
1920	아우구스트 크로그	모세관 모터 조절 메커니즘의 발견
1921	수상자 없음	
1922	아치볼드 비비안 힐	근육의 열 생성에 관한 발견
	오토 프리츠 메이어호프	산소 소비와 근육 내 젖산 대사에 관한 발견
1923	프레더릭 그랜트 밴팅	인슐린 발견
	존 제임스 리카드 매클라우드	
1924	빌렘 에인트호벤	심전도 메커니즘 발견
1925	수상자 없음	
1926	요하네스 안드레아스 그리브 피비게르	만성 자극으로 인한 암을 나타내는 스피롭테라 암종의 발견
1927	율리우스 바그너-야우렉	마비성 치매 치료에서 말라리아 접종의 치료적 가치를 발견한 공로
1928	찰스 줄스 앙리 니콜	발진티푸스에 관한 연구
1929	크리스티안 에이크만	항신경염 비타민 발견
	프레데릭 가울랜드 홉킨스 경	성장 촉진 비타민 발견
1930	★카를 란트슈타이너	인간의 혈액형 발견
1931	오토 하인리히 바르부르크	호흡 효소의 성질과 작용 방식을 발견한 공로
1932	찰스 스콧 셰링턴 경	뉴런의 기능에 관한 발견
	에드거 더글러스 아드리안	
1933	★토머스 헌트 모건	유전에서 염색체의 역할에 관한 발견

1934	조지 호이트 휘플	빈혈의 경우 간 치료법에 관한 발견
	조지 리차즈 마이넛	
	윌리엄 패리 머피	
1935	한스 슈페만	배아 발달의 조직자 효과
1936	헨리 할렛 데일 경	신경 자극의 화학적 전달에 관한 발견
	오토 뢰위	
1937	알베르트 폰 센트 죄르지 나기라폴트	비타민 C와 푸마르산의 촉매작용에 관한 생물학적 연소 과정과 관련된 발견
1938	코르네유 장 프랑수아 헤이먼스	호흡 조절에서 부비동 및 대동맥 기전의 역할을 발견한 공로
1939	게르하르트 도마크	프론토실의 항균 효과 발견
1940	수상자 없음	
1941		
1942		
1943	헨리크 칼 피터 댐	비타민 K 발견
	에드워드 아델버트 도이지	비타민 K의 화학적 성질 발견 소화, 순환 및 호흡
1944	조지프 얼랭거	단일 신경 섬유의 고도로 차별화된 기능에 관한 발견
	허버트 스펜서 개서	
1945	★알렉산더 플레밍 경	페니실린의 발견과 다양한 전염병에 대한 치료 효과
	에른스트 보리스 체인	
	하워드 월터 플로리 경	
1946	★ 헤르만 조지프 멀러	X선 조사에 의한 돌연변이 생성의 발견
1947	칼 퍼디낸드 코리	글리코겐의 촉매적 전환 과정을 발견한 공로
	거티 테레사 코리	
	베르나르도 알베르토 호세	설탕 대사에서 뇌하수체 전엽의 호르몬의 역할 발견
1948	폴 헤르만 뮐러	여러 절지동물에 대한 접촉 독으로서 DDT의 높은 효율성을 발견한 공로

1949	월터 루돌프 헤스	내부 장기 활동의 조정자로서 뇌 간 기능적 조직 발견
	안토니오 카에타노 데 아브레우 프레이레 에가스 모니스	내부 기관의 활동을 조정하는 역할을 하는 뇌 사이의 기능적 조직을 발견
1950	에드워드 캘빈 켄달	부신피질의 호르몬과 그 구조 및 생물학적 효과에 관한 발견
	타데우스 라이히슈타인	
	필립 쇼월터 헨치	
1951	맥스 타일러	황열병과 그 치료법에 관한 발견
1952	셀먼 아브라함 왁스먼	결핵에 효과적인 최초의 항생제인 스트렙토마이신을 발견한 공로
1953	한스 아돌프 크렙스	구연산 회로의 발견
	프리츠 알베르트 리프만	조효소 A와 중간 대사에 대한 중요성 발견
1954	존 프랭클린 엔더스	다양한 유형의 조직 배양에서 소아마비 바이러스가 자라는 능력을 발견한 공로
	토머스 허클 웰러	
	프레데릭 채프먼 로빈스	
1955	악셀 휴고 테오도르 테오렐	산화효소의 성질과 작용기전에 관한 발견
1956	앙드레 프레데릭 쿠르낭	심장 카테터 삽입 및 순환계의 병리학적 변화에 관한 발견
	베르너 포스만	
	디킨슨 W. 리처드	
1957	다니엘 보베	특정 신체 물질의 작용, 특히 혈관계와 골격근에 대한 작용을 억제하는 합성 화합물에 관한 발견
1958	조지 웰스 비들	유전자가 명확한 화학적 사건을 조절함으로써 작용한다는 발견
	에드워드 로리 테이텀	
	조슈아 레더버그	유전자 재조합과 관련된 발견
1959	세베로 오초아	리보핵산과 데옥시리보핵산의 생물학적 합성 메커니즘 발견
	아서 콘버그	

1960	프랭크 맥팔레인 버넷 경	획득된 면역학적 내성에 관한 연구
	피터 브라이언 메다워	
1961	게오르크 폰 베케시	달팽이관 내 자극의 물리적 메커니즘
1962	★프랜시스 해리 콤프턴 크릭, 제임스 듀이 왓슨, 모리스 휴 프레데릭 윌킨스	핵산의 분자구조와 생물체의 정보 전달에 대한 중요성에 관한 발견
1963	존 카루 에클스 경	신경 세포막의 말초 및 중앙 부분의 흥분 및 억제에 관여하는 메커니즘에 관한 발견
	앨런 로이드 호지킨	
	앤드루 필딩 헉슬리	
1964	콘래드 블로흐	콜레스테롤과 지방산 대사의 메커니즘과 조절에 관한 발견
	표도르 리넨	
1965	프랑수아 자코브	효소의 유전적 조절과 바이러스 합성에 관한 발견
	앙드레 르워프	
	자크 모노드	
1966	페이튼 루스	닭의 종양 유발 바이러스 발견
	찰스 브렌턴 허긴스	전립선암의 호르몬 치료에 관한 발견
1967	라그나르 그라니트, 할단 케퍼 하트라인 & 조지 월드	눈의 일차적인 생리학적, 화학적 시각 과정에 관한 발견
1968	로버트 W. 홀리	유전자 코드와 단백질 합성에서의 기능
	하르 고빈드 코라나	
	마셜 W. 니렌버그	
1969	★막스 델브뤼크	바이러스의 복제 메커니즘과 유전적 구조에 관한 발견
	알프레드 D. 허쉬	
	★사우바도르 E. 루리아	

세상에서 가장 쉬운 과학 수업 DNA 구조

1970	버나드 카츠 경	신경전달물질과 그 저장, 방출, 불활성화 메커니즘(시냅스 전달의 개념)에 관한 발견
	울프 폰 오일러	
	줄리어스 액셀로드	
1971	얼 W. 서덜랜드 주니어	호르몬의 작용 메커니즘에 관한 연구
1972	제럴드 M. 에델만	항체의 화학적 구조에 관한 발견
	로드니 R. 포터	
1973	칼 폰 프리쉬	개인 및 사회적 행동 패턴의 조직화 및 유도에 관한 발견
	콘래드 로렌츠	
	니콜라스 틴베르헌	
1974	앨버트 클로드	세포의 구조적, 기능적 조직에 관한 발견
	크리스티안 드 뒤브	
	조지 E. 팔라드	
1975	데이비드 볼티모어	종양 바이러스와 세포의 유전 물질 사이의 상호 작용에 관한 발견
	레나토 둘베코	
	워드 마틴 테민	
1976	바룩 S. 블룸버그	전염병의 기원과 전파에 관한 새로운 메커니즘의 발견
	D. 칼턴 가이두섹	
1977	로저 길레민	뇌의 펩타이드 호르몬 생산에 관한 발견
	앤드루 V. 샬리	
	로잘린 얄로우	펩티드 호르몬의 방사면역측정법 개발
1978	베르너 아르버	제한효소의 발견과 이를 분자유전학 문제에 적용한 공로
	다니엘 네이선스	
	해밀턴 O. 스미스	
1979	앨런 M. 코맥	컴퓨터 보조 단층촬영의 발전에 기여
	고드프리 N. 하운스필드	

1980	바루즈 베나세라프	면역반응을 조절하는 세포 표면의 유전적으로 결정된 구조에 관한 발견
	장 도셋	
	조지 D. 스넬	
1981	데이비드 H. 허벨	시각 시스템의 정보 처리에 관한 발견 행동과학
	토르스텐 N. 위젤	
	로저 W. 스페리	대뇌 반구의 기능적 전문화에 관한 발견
1982	수네 K. 버그스트롬	프로스타글란딘 및 관련 생물학적 활성 물질에 관한 발견
	벵트 I. 사무엘슨	
	존 R. 베인	
1983	바바라 맥클린톡	이동성 유전 요소의 발견
1984	닐스 K. 제르네	면역체계의 발달과 조절의 특이성과 단클론 항체 생산 원리의 발견에 관한 이론
	조지 JF 쾰러	
	세자르 밀스테인	
1985	마이클 S. 브라운	콜레스테롤 대사 조절에 관한 발견
	조지프 L. 골드스타인	
1986	스탠리 코헨	성장 인자 발견
	리타 레비-몬탈치니	
1987	도네가와 스스무	항체 다양성 생성의 유전적 원리 발견
1988	제임스 W. 블랙 경	약물 치료의 중요한 원리 발견
	거트루드 B. 엘리언	
	조지 H. 히칭스	
1989	J. 마이클 비숍	레트로바이러스 종양 유전자의 세포 기원 발견
	해럴드 E. 바무스	
1990	조지프 E. 머레이	인간 질병 치료에 있어서 장기 및 세포 이식에 관한 발견
	E. 도널 토머스	
1991	어윈 네허	세포 내 단일이온 채널의 기능에 관한 발견
	베르트 자크만	

1992	피셔 & 크렙스	생물학적 조절 메커니즘으로서의 가역적 단백질 인산화
1993	리처드 J. 로버츠	분할 유전자 발견
	필립 A. 샤프	
1994	길먼 & 로드벨	G 단백질과 세포의 신호 전달에서의 역할
1995	에드워드 B. 루이스	초기 배아 발달의 유전적 조절에 관한 발견
	크리스티안 뉘슬라인-볼하르트	
	에릭 F. 비샤우스	
1996	피터 C. 도허티	세포 매개 면역 방어의 특이성에 관한 발견
	롤프 M. 징커나겔	
1997	스탠리 B. 프루시너	감염의 새로운 생물학적 원리인 프리온의 발견
1998	로버트 F. 퍼치갓	심혈관계의 신호 분자인 산화질소에 관한 발견
	루이스 J. 이그나로	
	페리드 무라드	
1999	귄터 블로벨	단백질이 세포 내에서 단백질의 수송과 위치를 결정하는 고유 신호를 가지고 있다는 발견
2000	아르비드 칼슨	신경계의 신호 전달에 관한 발견
	폴 그린가드	
	에릭 R. 캔델	
2001	리랜드 하트웰	세포 주기의 주요 조절 인자 발견
	팀 헌트	
	폴 간호사 경	
2002	시드니 브레너	장기 발달의 유전적 조절 및 프로그램화된 세포 사멸에 관한 발견
	H. 로버트 호비츠	
	존 E. 설스턴	

2003	폴 C. 라우터버	자기공명영상에 관한 발견
	피터 맨스필드 경	
2004	리처드 액셀	후각 수용체와 후각 시스템의 조직을 발견한 공로
	린다 B. 벅	
2005	배리 J. 마샬	헬리코박터 파일로리균 발견과 위염 및 소화성 궤양 질환에서의 역할
	J. 로빈 워렌	
2006	앤드류 Z. 파이어	RNA 간섭 발견 – 이중 가닥 RNA에 의한 유전자 침묵
	크레이그 C. 멜로	
2007	마리오 R. 카페키	배아줄기세포를 사용하여 생쥐에 특정 유전자 변형을 도입하는 원리 발견
	마틴 J. 에번스 경	
	올리버 스미시스	
2008	하랄트 추르 하우젠	자궁경부암을 일으키는 인간 유두종 바이러스 발견
	프랑수아즈 바레 시누시	인간 면역결핍 바이러스 발견
	뤽 몽타니에	
2009	엘리자베스 H. 블랙번	텔로미어와 텔로머라제 효소에 의해 염색체가 어떻게 보호되는지 발견
	캐럴 W. 그라이더	
	잭 W. 쇼스탁	
2010	로버트 G. 에드워즈	체외수정 개발을 위한 공로
2011	브루스 A. 보이틀러	선천면역 활성화에 관한 발견
	줄스 A. 호프만	
	랠프 M. 스타인먼	수지상 세포의 발견과 적응 면역에서의 역할
2012	존 B. 거든 경	성숙한 세포가 다능성 세포로 재프로그램화할 수 있다는 발견
	야마나카 신야	
2013	제임스 E. 로스만	우리 세포의 주요 수송 시스템인 소낭 이동을 조절하는 기계를 발견한 공로
	랜디 W. 셰크먼	
	토머스 C. 쥐드호프	

세상에서 가장 쉬운 과학 수업 DNA 구조

2014	존 오키프	뇌의 위치 결정 시스템을 구성하는 세포를 발견한 공로
	메이-브리트 모저	
	에드워드 I. 모저	
2015	윌리엄 C. 캠벨	회충 기생충으로 인한 감염에 대한 새로운 치료법 발견
	오무라 사토시	
	투유유	말라리아에 대한 새로운 치료법에 관한 발견
2016	오스미 요시노리	자가포식 메커니즘 발견
2017	제프리 C. 홀	24시간 주기 리듬을 제어하는 분자 메커니즘 발견
	마이클 로스배쉬	
	마이클 W. 영	
2018	제임스 P. 앨리슨	음성 면역 조절 억제를 통한 암 치료법 발견
	혼조 타스쿠	
2019	윌리엄 G. 케일린 주니어	세포가 산소 가용성을 감지하고 이에 적응하는 방법을 발견한 공로
	피터 J. 랫클리프 경	
	그레그 L. 세멘자	
2020	하비 J. 알터, 마이클 휴튼 & 찰스 M. 라이스	C형 간염 바이러스 발견
2021	데이비드 줄리어스	온도와 촉각 수용체 발견
	아르뎀 파타포티안	
2022	스반테 파보	멸종된 호미닌의 게놈과 인간 진화에 관한 발견
2023	카탈린 카리코	COVID-19에 대한 효과적인 mRNA 백신 개발을 가능하게 한 뉴클레오시드 염기 변형에 관한 발견
	드류 와이즈먼	

노벨 물리학상 수상자들을 소개합니다

이 책에 언급된 노벨상 수상자는 이름 앞에 ★로 표시하였습니다.

연도	수상자	수상 이유
1901	★빌헬름 콘라트 뢴트겐	그의 이름을 딴 놀라운 광선의 발견으로 그가 제공한 특별한 공헌을 인정하여
1902	헨드릭 안톤 로런츠	복사 현상에 대한 자기의 영향에 대한 연구를 통해 그들이 제공한 탁월한 공헌을 인정하여
1902	피터르 제이만	복사 현상에 대한 자기의 영향에 대한 연구를 통해 그들이 제공한 탁월한 공헌을 인정하여
1903	앙투안 앙리 베크렐	자발 방사능 발견으로 그가 제공한 탁월한 공로를 인정하여
1903	피에르 퀴리	앙리 베크렐 교수가 발견한 방사선 현상에 대한 공동 연구를 통해 그들이 제공한 탁월한 공헌을 인정하여
1903	마리 퀴리	앙리 베크렐 교수가 발견한 방사선 현상에 대한 공동 연구를 통해 그들이 제공한 탁월한 공헌을 인정하여
1904	존 윌리엄 스트럿 레일리	가장 중요한 기체의 밀도에 대한 조사와 이러한 연구와 관련하여 아르곤을 발견한 공로
1905	필리프 레나르트	음극선에 대한 연구
1906	조지프 존 톰슨	기체에 의한 전기 전도에 대한 이론적이고 실험적인 연구의 큰 장점을 인정하여
1907	앨버트 에이브러햄 마이컬슨	광학 정밀 기기와 그 도움으로 수행된 분광 및 도량형 조사
1908	가브리엘 리프만	간섭 현상을 기반으로 사진적으로 색상을 재현하는 방법
1909	굴리엘모 마르코니	무선 전신 발전에 기여한 공로를 인정받아
1909	카를 페르디난트 브라운	무선 전신 발전에 기여한 공로를 인정받아
1910	요하네스 디데릭 판데르발스	기체와 액체의 상태 방정식에 관한 연구
1911	빌헬름 빈	열복사 법칙에 관한 발견

세상에서 가장 쉬운 과학 수업 DNA 구조

1912	닐스 구스타프 달렌	등대와 부표를 밝히기 위해 가스 어큐뮬레이터와 함께 사용하기 위한 자동 조절기 발명
1913	헤이커 카메를링 오너스	특히 액체 헬륨 생산으로 이어진 저온에서의 물질 특성에 대한 연구
1914	★막스 폰 라우에	결정에 의한 X선 회절 발견
1915	★윌리엄 헨리 브래그 ★윌리엄 로런스 브래그	X선을 이용한 결정구조 분석에 기여한 공로
1916	수상자 없음	
1917	찰스 글러버 바클라	원소의 특징적인 뢴트겐 복사 발견
1918	막스 플랑크	에너지 양자 발견으로 물리학 발전에 기여한 공로 인정
1919	요하네스 슈타르크	커낼선의 도플러 효과와 전기장에서 분광선의 분할 발견
1920	샤를 에두아르 기욤	니켈강 합금의 이상 현상을 발견하여 물리학의 정밀 측정에 기여한 공로를 인정하여
1921	알베르트 아인슈타인	이론 물리학에 대한 공로, 특히 광전효과 법칙 발견
1922	닐스 보어	원자 구조와 원자에서 방출되는 방사선 연구에 기여
1923	로버트 앤드루스 밀리컨	전기의 기본 전하와 광전효과에 관한 연구
1924	★칼 만네 예오리 시그반	X선 분광학 분야에서의 발견과 연구
1925	제임스 프랑크 구스타프 헤르츠	전자가 원자에 미치는 영향을 지배하는 법칙 발견
1926	장 바티스트 페랭	물질의 불연속 구조에 관한 연구, 특히 침전 평형 발견
1927	아서 콤프턴	그의 이름을 딴 효과 발견
	찰스 톰슨 리스 윌슨	수증기 응축을 통해 전하를 띤 입자의 경로를 볼 수 있게 만든 방법
1928	오언 윌런스 리처드슨	열전자 현상에 관한 연구, 특히 그의 이름을 딴 법칙 발견
1929	루이 드브로이	전자의 파동성 발견

1930	찬드라세카라 벵카타 라만	빛의 산란에 관한 연구와 그의 이름을 딴 효과 발견
1931	수상자 없음	
1932	베르너 하이젠베르크	수소의 동소체 형태 발견으로 이어진 양자역학의 창시
1933	에르빈 슈뢰딩거	원자 이론의 새로운 생산적 형태 발견
	폴 디랙	
1934	수상자 없음	
1935	제임스 채드윅	중성자 발견
1936	빅토르 프란츠 헤스	우주 방사선 발견
	칼 데이비드 앤더슨	양전자 발견
1937	클린턴 조지프 데이비슨	결정에 의한 전자의 회절에 대한 실험적 발견
	조지 패짓 톰슨	
1938	엔리코 페르미	중성자 조사에 의해 생성된 새로운 방사성 원소의 존재에 대한 시연 및 이와 관련된 느린중성자에 의한 핵반응 발견
1939	어니스트 로런스	사이클로트론의 발명과 개발, 특히 인공 방사성 원소와 관련하여 얻은 결과
1940		
1941	수상자 없음	
1942		
1943	오토 슈테른	분자선 방법 개발 및 양성자의 자기 모멘트 발견에 기여
1944	이지도어 아이작 라비	원자핵의 자기적 특성을 기록하기 위한 공명 방법
1945	볼프강 파울리	파울리 원리라고도 불리는 배제 원리의 발견
1946	퍼시 윌리엄스 브리지먼	초고압을 발생시키는 장치의 발명과 고압 물리학 분야에서 그가 이룬 발견에 대해
1947	에드워드 빅터 애플턴	대기권 상층부의 물리학 연구, 특히 이른바 애플턴층의 발견
1948	패트릭 메이너드 스튜어트 블래킷	윌슨 구름상자 방법의 개발과 핵물리학 및 우주 방사선 분야에서의 발견

세상에서 가장 쉬운 과학 수업 DNA 구조

1949	유카와 히데키	핵력에 관한 이론적 연구를 바탕으로 중간자 존재 예측
1950	세실 프랭크 파월	핵 과정을 연구하는 사진 방법의 개발과 이 방법으로 만들어진 중간자에 관한 발견
1951	존 더글러스 콕크로프트	인위적으로 가속된 원자 입자에 의한 원자핵 변환에 대한 선구자적 연구
	어니스트 토머스 신턴 월턴	
1952	펠릭스 블로흐	핵자기 정밀 측정을 위한 새로운 방법 개발 및 이와 관련된 발견
	에드워드 밀스 퍼셀	
1953	프리츠 제르니커	위상차 방법 시연, 특히 위상차 현미경 발명
1954	막스 보른	양자역학의 기초 연구, 특히 파동함수의 통계적 해석
	발터 보테	우연의 일치 방법과 그 방법으로 이루어진 그의 발견
1955	윌리스 유진 램	수소 스펙트럼의 미세 구조에 관한 발견
	폴리카프 쿠시	전자의 자기 모멘트를 정밀하게 측정한 공로
1956	윌리엄 브래드퍼드 쇼클리	반도체 연구 및 트랜지스터 효과 발견
	존 바딘	
	월터 하우저 브래튼	
1957	양전닝	소립자에 관한 중요한 발견으로 이어진 소위 패리티 법칙에 대한 철저한 조사
	리정다오	
1958	파벨 알렉세예비치 체렌코프	체렌코프 효과의 발견과 해석
	일리야 프란크	
	이고리 탐	
1959	에밀리오 지노 세그레	반양성자 발견
	오언 체임벌린	
1960	도널드 아서 글레이저	거품 상자의 발명

1961	로버트 호프스태터	원자핵의 전자 산란에 대한 선구적인 연구와 핵자 구조에 관한 발견
	루돌프 뫼스바워	감마선의 공명 흡수에 관한 연구와 그의 이름을 딴 효과에 대한 발견
1962	레프 다비도비치 란다우	응집 물질, 특히 액체 헬륨에 대한 선구적인 이론
1963	유진 폴 위그너	원자핵 및 소립자 이론에 대한 공헌, 특히 기본 대칭 원리의 발견 및 적용을 통한 공로
	마리아 괴페르트 메이어	핵 껍질 구조에 관한 발견
	한스 옌젠	
1964	니콜라이 바소프	메이저–레이저 원리에 기반한 발진기 및 증폭기의 구성으로 이어진 양자 전자 분야의 기초 작업
	알렉산드르 프로호로프	
	찰스 하드 타운스	
1965	도모나가 신이치로	소립자의 물리학에 심층적인 결과를 가져온 양자전기역학의 근본적인 연구
	줄리언 슈윙거	
	리처드 필립스 파인먼	
1966	알프레드 카스틀레르	원자에서 헤르츠 공명을 연구하기 위한 광학적 방법의 발견 및 개발
1967	한스 알브레히트 베테	핵반응 이론, 특히 별의 에너지 생산에 관한 발견에 기여
1968	루이스 월터 앨버레즈	소립자 물리학에 대한 결정적인 공헌, 특히 수소 기포 챔버 사용 기술 개발과 데이터 분석을 통해 가능해진 다수의 공명 상태 발견
1969	머리 겔만	기본 입자의 분류와 그 상호 작용에 관한 공헌 및 발견
1970	한네스 올로프 예스타 알벤	플라스마 물리학의 다양한 부분에서 유익한 응용을 통해 자기유체역학의 기초 연구 및 발견
	루이 외젠 펠릭스 네엘	고체 물리학에서 중요한 응용을 이끈 반강자성 및 강자성에 관한 기초 연구 및 발견
1971	데니스 가보르	홀로그램 방법의 발명 및 개발

세상에서 가장 쉬운 과학 수업 DNA 구조

1972	존 바딘	일반적으로 BCS 이론이라고 하는 초전도 이론을 공동으로 개발한 공로
	리언 닐 쿠퍼	
	존 로버트 슈리퍼	
1973	에사키 레오나	반도체와 초전도체의 터널링 현상에 관한 실험적 발견
	이바르 예베르	
	브라이언 데이비드 조지프슨	터널 장벽을 통과하는 초전류 특성, 특히 일반적으로 조지프슨 효과로 알려진 현상에 대한 이론적 예측
1974	마틴 라일	전파 천체물리학의 선구적인 연구: 라일은 특히 개구 합성 기술의 관찰과 발명, 그리고 휴이시는 펄서 발견에 결정적인 역할을 함
	앤터니 휴이시	
1975	오게 닐스 보어	원자핵에서 집단 운동과 입자 운동 사이의 연관성 발견과 이 연관성에 기초한 원자핵 구조 이론 개발
	벤 로위 모텔손	
	제임스 레인워터	
1976	버턴 릭터	새로운 종류의 무거운 기본 입자 발견에 대한 선구적인 작업
	새뮤얼 차오 충 팅	
1977	필립 워런 앤더슨	자기 및 무질서 시스템의 전자 구조에 대한 근본적인 이론적 조사
	네빌 프랜시스 모트	
	존 해즈브룩 밴블렉	
1978	표트르 레오니도비치 카피차	저온 물리학 분야의 기본 발명 및 발견
	아노 앨런 펜지어스	우주 마이크로파 배경 복사의 발견
	로버트 우드로 윌슨	
1979	셸던 리 글래쇼	특히 약한 중성 전류의 예측을 포함하여 기본 입자 사이의 통일된 약한 전자기 상호 작용 이론에 대한 공헌
	압두스 살람	
	스티븐 와인버그	

1980	제임스 왓슨 크로닌	중성 K 중간자의 붕괴에서 기본 대칭 원리 위반 발견
	밸 로그즈던 피치	
1981	니콜라스 블룸베르헌	레이저 분광기 개발에 기여
	아서 레너드 숄로	
	카이 만네 뵈리에 시그반	고해상도 전자 분광기 개발에 기여
1982	케네스 게디스 윌슨	상전이와 관련된 임계 현상에 대한 이론
1983	수브라마니안 찬드라세카르	별의 구조와 진화에 중요한 물리적 과정에 대한 이론적 연구
	윌리엄 앨프리드 파울러	우주의 화학 원소 형성에 중요한 핵반응에 대한 이론 및 실험적 연구
1984	카를로 루비아	약한 상호 작용의 커뮤니케이터인 필드 입자 W와 Z의 발견으로 이어진 대규모 프로젝트에 결정적인 기여
	시몬 판데르 메이르	
1985	클라우스 폰 클리칭	양자화된 홀 효과의 발견
1986	에른스트 루스카	전자 광학의 기초 작업과 최초의 전자 현미경 설계
	게르트 비니히	스캐닝 터널링 현미경 설계
	하인리히 로러	
1987	요하네스 게오르크 베드노르츠	세라믹 재료의 초전도성 발견에서 중요한 돌파구
	카를 알렉산더 뮐러	
1988	리언 레더먼	뉴트리노 빔 방법과 뮤온 중성미자 발견을 통한 경입자의 이중 구조 증명
	멜빈 슈워츠	
	잭 스타인버거	
1989	노먼 포스터 램지	분리된 진동 필드 방법의 발명과 수소 메이저 및 기타 원자시계에서의 사용
	한스 게오르크 데멜트	이온 트랩 기술 개발
	볼프강 파울	

세상에서 가장 쉬운 과학 수업 DNA 구조

1990	제롬 프리드먼	입자 물리학에서 쿼크 모델 개발에 매우 중요한
	헨리 웨이 켄들	역할을 한 양성자 및 구속된 중성자에 대한 전자의
	리처드 테일러	심층 비탄성 산란에 관한 선구적인 연구
1991	피에르질 드젠	간단한 시스템에서 질서 현상을 연구하기 위해 개발된 방법을 보다 복잡한 형태의 물질, 특히 액정과 고분자로 일반화할 수 있음을 발견
1992	조르주 샤르파크	입자 탐지기, 특히 다중 와이어 비례 챔버의 발명 및 개발
1993	러셀 헐스	새로운 유형의 펄서 발견, 중력 연구의 새로운
	조지프 테일러	가능성을 연 발견
1994	버트럼 브록하우스	중성자 분광기 개발
	클리퍼드 셜	중성자 회절 기술 개발
1995	마틴 펄	타우 렙톤의 발견
	프레더릭 라이너스	중성미자 검출
1996	데이비드 리	헬륨-3의 초유동성 발견
	더글러스 오셔로프	
	로버트 리처드슨	
1997	스티븐 추	레이저 광으로 원자를 냉각하고 가두는 방법 개발
	클로드 코엔타누지	
	윌리엄 필립스	
1998	로버트 로플린	부분적으로 전하를 띤 새로운 형태의 양자 유체 발견
	호르스트 슈퇴르머	
	대니얼 추이	
1999	헤라르뒤스 엇호프트	물리학에서 전기약력 상호작용의 양자 구조 규명
	마르티뉘스 펠트만	

2000	조레스 알표로프	정보 통신 기술에 대한 기초 작업(고속 및 광전자 공학에 사용되는 반도체 이종 구조 개발)
	허버트 크로머	
	잭 킬비	정보 통신 기술에 대한 기초 작업(집적 회로 발명에 기여)
2001	에릭 코넬	알칼리 원자의 희석 가스에서 보스-아인슈타인 응축 달성 및 응축 특성에 대한 초기 기초 연구
	칼 위먼	
	볼프강 케테를레	
2002	레이먼드 데이비스	천체물리학, 특히 우주 중성미자 검출에 대한 선구적인 공헌
	고시바 마사토시	
	리카르도 자코니	우주 X선 소스의 발견으로 이어진 천체물리학에 대한 선구적인 공헌
2003	알렉세이 아브리코소프	초전도체 및 초유체 이론에 대한 선구적인 공헌
	비탈리 긴즈부르크	
	앤서니 레깃	
2004	데이비드 그로스	강한 상호작용 이론에서 점근적 자유의 발견
	데이비드 폴리처	
	프랭크 윌첵	
2005	로이 글라우버	광학 일관성의 양자 이론에 기여
	존 홀	광 주파수 콤 기술을 포함한 레이저 기반 정밀 분광기 개발에 기여
	테오도어 헨슈	
2006	존 매더	우주 마이크로파 배경 복사의 흑체 형태와 이방성 발견
	조지 스무트	
2007	알베르 페르	자이언트 자기 저항의 발견
	페터 그륀베르크	

2008	난부 요이치로	아원자 물리학에서 자발적인 대칭 깨짐 메커니즘 발견
	고바야시 마코토	자연계에 적어도 세 종류의 쿼크가 존재함을 예측하는 깨진 대칭의 기원 발견
	마스카와 도시히데	
2009	찰스 가오	광 통신을 위한 섬유의 빛 전송에 관한 획기적인 업적
	윌러드 보일	영상 반도체 회로(CCD 센서)의 발명
	조지 엘우드 스미스	
2010	안드레 가임	2차원 물질 그래핀에 관한 획기적인 실험
	콘스탄틴 노보셀로프	
2011	솔 펄머터	원거리 초신성 관측을 통한 우주 가속 팽창 발견
	브라이언 슈밋	
	애덤 리스	
2012	세르주 아로슈	개별 양자 시스템의 측정 및 조작을 가능하게 하는 획기적인 실험 방법
	데이비드 와인랜드	
2013	프랑수아 앙글레르	아원자 입자의 질량 기원에 대한 이해에 기여하고 최근 CERN의 대형 하드론 충돌기에서 ATLAS 및 CMS 실험을 통해 예측된 기본 입자의 발견을 통해 확인된 메커니즘의 이론적 발견
	피터 힉스	
2014	아카사키 이사무	밝고 에너지 절약형 백색 광원을 가능하게 한 효율적인 청색 발광 다이오드의 발명
	아마노 히로시	
	나카무라 슈지	
2015	가지타 다카아키	중성미자가 질량을 가지고 있음을 보여주는 중성미자 진동 발견
	아서 맥도널드	
2016	데이비드 사울레스	위상학적 상전이와 물질의 위상학적 위상에 대한 이론적 발견
	덩컨 홀데인	
	마이클 코스털리츠	

2017	라이너 바이스	LIGO 탐지기와 중력파 관찰에 결정적인 기여
	킵 손	
	배리 배리시	
2018	아서 애슈킨	레이저 물리학 분야의 획기적인 발명(광학 핀셋과 생물학적 시스템에 대한 응용)
	제라르 무루	레이저 물리학 분야의 획기적인 발명(고강도 초단파 광 펄스 생성 방법)
	도나 스트리클런드	
2019	제임스 피블스	우주의 진화와 우주에서 지구의 위치에 대한 이해에 기여(물리 우주론의 이론적 발견)
	미셸 마요르	우주의 진화와 우주에서 지구의 위치에 대한 이해에 기여(태양형 항성 주위를 공전하는 외계 행성 발견)
	디디에 쿠엘로	
2020	로저 펜로즈	블랙홀 형성이 일반 상대성 이론의 확고한 예측이라는 발견
	라인하르트 겐첼	우리 은하의 중심에 있는 초거대 밀도 물체 발견
	앤드리아 게즈	
2021	마나베 슈쿠로	복잡한 시스템에 대한 이해에 획기적인 기여(지구 기후의 물리적 모델링, 가변성을 정량화하고 지구 온난화를 안정적으로 예측)
	클라우스 하셀만	
	조르조 파리시	복잡한 시스템에 대한 이해에 획기적인 기여(원자에서 행성 규모에 이르는 물리적 시스템의 무질서와 요동의 상호작용 발견)
2022	알랭 아스페	얽힌 광자를 사용한 실험, 벨 불평등 위반 규명 및 양자 정보 과학 개척
	존 클라우저	
	안톤 차일링거	
2023	피에르 아고스티니	물질의 전자 역학 연구를 위해 아토초(100경분의 1초) 빛 펄스를 생성하는 실험 방법 고안
	페렌츠 크러우스	
	안 륄리에	

세상에서 가장 쉬운 과학 수업 DNA 구조

노벨 화학상 수상자들을 소개합니다

이 책에 언급된 노벨상 수상자는 이름 앞에 ★로 표시하였습니다.

연도	수상자	수상 이유
1901	야코뷔스 헨드리쿠스 호프	용액의 삼투압과 화학적 역학의 법칙을 발견함으로써 그가 제공한 탁월한 공헌을 인정하여
1902	에밀 헤르만 피셔	당과 푸린 합성에 대한 연구로 그가 제공한 탁월한 공헌을 인정하여
1903	스반테 아우구스트 아레니우스	전기분해 해리 이론으로 화학 발전에 기여한 탁월한 공헌을 인정하여
1904	윌리엄 램지	공기 중 불활성 기체 원소를 발견하고 주기율표에서 원소의 위치를 결정한 공로를 인정받아
1905	요한 프리드리히 빌헬름 아돌프 폰 베이어	유기 염료 및 하이드로 방향족 화합물에 대한 연구를 통해 유기 화학 및 화학 산업 발전에 기여한 공로
1906	앙리 무아상	불소 원소의 연구 및 분리, 그리고 그의 이름을 딴 전기로를 과학에 채택한 공로를 인정하여
1907	에두아르트 부흐너	생화학 연구 및 무세포 발효 발견
1908	어니스트 러더퍼드	원소 분해와 방사성 물질의 화학에 대한 연구
1909	빌헬름 오스트발트	촉매작용에 대한 그의 연구와 화학 평형 및 반응 속도를 지배하는 기본 원리에 대한 연구를 인정
1910	오토 발라흐	지환족 화합물 분야의 선구자적 업적을 통해 유기 화학 및 화학 산업에 기여한 공로를 인정받아
1911	마리 퀴리	라듐 및 폴로늄 원소 발견, 라듐 분리 및 이 놀라운 원소의 성질과 화합물 연구를 통해 화학 발전에 기여한 공로

1912	빅토르 그리냐르	최근 유기 화학을 크게 발전시킨 소위 그리냐르 시약의 발견
	폴 사바티에	미세하게 분해된 금속이 있는 상태에서 유기 화합물을 수소화하는 방법으로 최근 몇 년 동안 유기 화학이 크게 발전한 데 대한 공로
1913	알프레트 베르너	분자 내 원자의 결합에 대한 그의 업적을 인정하여, 이전 연구에 새로운 시각을 제시하고 특히 무기 화학 분야에서 새로운 연구 분야를 연 공로
1914	시어도어 윌리엄 리처즈	수많은 화학 원소의 원자량을 정확하게 측정한 공로
1915	리하르트 빌슈테터	식물 색소, 특히 엽록소에 대한 연구
1916	수상자 없음	
1917	수상자 없음	
1918	프리츠 하버	원소로부터 암모니아 합성
1919	수상자 없음	
1920	발터 헤르만 네른스트	열화학 분야에서의 업적 인정
1921	프레더릭 소디	방사성 물질의 화학 지식과 동위원소의 기원과 특성에 대한 연구에 기여한 공로
1922	프랜시스 윌리엄 애스턴	질량 분광기를 사용하여 많은 수의 비방사성 원소에서 동위원소를 발견하고 정수 규칙을 발표한 공로
1923	프리츠 프레글	유기 물질의 미세 분석 방법 발명
1924	수상자 없음	
1925	리하르트 아돌프 지그몬디	콜로이드 용액의 이질적 특성을 입증하고 이후 현대 콜로이드 화학의 기본이 된 그가 사용한 방법에 대한 공로
1926	테오도르 스베드베리	분산 시스템에 대한 연구
1927	하인리히 빌란트	담즙산 및 관련 물질의 구성에 대한 연구
1928	아돌프 빈다우스	스테롤의 구성 및 비타민과의 연관성에 대한 연구

세상에서 가장 쉬운 과학 수업 DNA 구조

1929	아서 하든	당과 발효 효소의 발효에 대한 연구
	한스 폰 오일러켈핀	
1930	한스 피셔	헤민과 엽록소의 구성, 특히 헤민 합성에 대한 연구
1931	카를 보슈	화학적 고압 방법의 발명과 개발에 기여한 공로를 인정받아
	프리드리히 베르기우스	
1932	어빙 랭뮤어	표면 화학에 대한 발견과 연구
1933	수상자 없음	
1934	해럴드 클레이턴 유리	중수소 발견
1935	장 프레데리크 졸리오 퀴리	새로운 방사성 원소의 합성을 인정하여
	이렌 졸리오퀴리	
1936	피터 디바이	쌍극자 모멘트와 가스 내 X선 및 전자의 회절에 대한 연구를 통해 분자구조에 대한 지식에 기여
1937	월터 노먼 하스	탄수화물과 비타민 C에 대한 연구
	파울 카러	카로티노이드, 플래빈, 비타민 A 및 B2에 대한 연구
1938	리하르트 쿤	카로티노이드와 비타민에 대한 연구
1939	아돌프 부테난트	성호르몬 연구
	레오폴트 루지치카	폴리메틸렌 및 고급 테르펜에 대한 연구
1940	수상자 없음	
1941	수상자 없음	
1942	수상자 없음	
1943	게오르크 카를 폰 헤베시	화학 연구에서 추적자로서 동위원소를 사용
1944	오토 한	무거운 핵분열 발견
1945	아르투리 일마리 비르타넨	농업 및 영양 화학, 특히 사료 보존 방법에 대한 연구 및 발명

1946	제임스 배철러 섬너	효소가 결정화될 수 있다는 발견
	존 하워드 노스럽	순수한 형태의 효소와 바이러스 단백질 제조
	웬들 메러디스 스탠리	
1947	로버트 로빈슨	생물학적으로 중요한 식물성 제품, 특히 알칼로이드에 대한 연구
1948	아르네 티셀리우스	전기영동 및 흡착 분석 연구, 특히 혈청 단백질의 복잡한 특성에 관한 발견
1949	윌리엄 프랜시스 지오크	화학 열역학 분야, 특히 극도로 낮은 온도에서 물질의 거동에 관한 공헌
1950	오토 파울 헤르만 딜스	디엔 합성의 발견 및 개발
	쿠르트 알더	
1951	에드윈 매티슨 맥밀런	초우라늄 원소의 화학적 발견
	글렌 시어도어 시보그	
1952	아처 존 포터 마틴	분할 크로마토그래피 발명
	리처드 로런스 밀링턴 싱	
1953	헤르만 슈타우딩거	고분자 화학 분야에서의 발견
1954	★라이너스 칼 폴링	화학 결합의 특성에 대한 연구와 복합 물질의 구조 해명에 대한 응용
1955	빈센트 뒤비뇨	생화학적으로 중요한 황 화합물, 특히 폴리펩타이드 호르몬의 최초 합성에 대한 연구
1956	시릴 노먼 힌셜우드	화학 반응 메커니즘에 대한 연구
	니콜라이 니콜라예비치 세묘노프	
1957	알렉산더 로버터스 토드	뉴클레오타이드 및 뉴클레오타이드 보조 효소에 대한 연구
1958	프레더릭 생어	단백질 구조, 특히 인슐린 구조에 관한 연구
1959	야로슬라프 헤이로프스키	폴라로그래피 분석 방법의 발견 및 개발

1960	윌러드 프랭크 리비	고고학, 지질학, 지구 물리학 및 기타 과학 분야에서 연령 결정을 위해 탄소-14를 사용한 방법
1961	멜빈 캘빈	식물의 이산화탄소 흡수에 대한 연구
1962	맥스 퍼디낸드 퍼루츠	구형 단백질 구조 연구
	존 카우더리 켄드루	
1963	카를 치글러	고분자 화학 및 기술 분야에서의 발견
	줄리오 나타	
1964	도로시 크로풋 호지킨	중요한 생화학 물질의 구조를 X선 기술로 규명한 공로
1965	로버트 번스 우드워드	유기 합성 분야에서 뛰어난 업적
1966	로버트 멀리컨	분자 오비탈 방법에 의한 분자의 화학 결합 및 전자 구조에 관한 기초 연구
1967	만프레트 아이겐	매우 짧은 에너지 펄스를 통해 평형을 교란함으로써 발생하는 매우 빠른 화학 반응에 대한 연구
	★로널드 노리시	
	조지 포터	
1968	라르스 온사게르	비가역 과정의 열역학에 기초가 되는 그의 이름을 딴 상호 관계 발견
1969	데릭 바턴	형태 개념의 개발과 화학에서의 적용에 기여한 공로
	오드 하셀	
1970	루이스 페데리코 를루아르	당 뉴클레오타이드와 탄수화물 생합성에서의 역할 발견
1971	게르하르트 헤르츠베르크	분자, 특히 자유 라디칼의 전자 구조 및 기하학에 대한 지식에 기여한 공로
1972	크리스천 베이머 안핀슨	리보뉴클레아제, 특히 아미노산 서열과 생물학적 활성 형태 사이의 연결에 관한 연구
	스탠퍼드 무어	화학 구조와 리보뉴클레아제 분자 활성 중심의 촉매 활성 사이의 연결 이해에 기여
	윌리엄 하워드 스타인	
1973	에른스트 오토 피셔	소위 샌드위치 화합물이라고 불리는 유기 금속의 화학에 대해 독립적으로 수행한 선구적인 연구
	제프리 윌킨슨	

1974	폴 존 플로리	고분자 물리 화학의 이론 및 실험 모두에서 기본적인 업적을 달성하여
1975	존 워컵 콘포스	효소 촉매 반응의 입체 화학 연구
	블라디미르 프렐로그	유기 분자 및 반응의 입체 화학 연구
1976	윌리엄 넌 립스컴	화학 결합 문제를 밝히는 보레인의 구조에 대한 연구
1977	일리야 프리고진	비평형 열역학, 특히 소산 구조 이론에 기여
1978	피터 미첼	화학 삼투 이론 공식화를 통한 생물학적 에너지 전달 이해에 기여
1979	허버트 브라운	각각 붕소 함유 화합물과 인 함유 화합물을 유기 합성의 중요한 시약으로 개발한 공로
	게오르크 비티히	
1980	폴 버그	특히 재조합 DNA와 관련하여 핵산의 생화학에 대한 기초 연구
	월터 길버트	핵산의 염기 서열 결정에 관한 공헌
	프레더릭 생어	
1981	후쿠이 겐이치	화학 반응 과정과 관련하여 독자적으로 개발한 이론
	로알드 호프만	
1982	에런 클루그	결정학 전자 현미경 개발 및 생물학적으로 중요한 핵산–단백질 복합체의 구조 규명
1983	헨리 타우버	특히 금속 착물에서 전자 이동 반응 메커니즘에 대한 연구
1984	로버트 브루스 메리필드	고체 매트릭스에서 화학 합성을 위한 방법론 개발
1985	허버트 하우프트먼	결정구조 결정을 위한 직접적인 방법 개발에서 뛰어난 업적
	제롬 칼	
1986	더들리 허슈바크	화학 기본 프로세스의 역학에 관한 기여
	리위안저	
	존 폴라니	

1987	도널드 제임스 크램	높은 선택성의 구조 특이적 상호 작용을 가진 분자의 개발 및 사용
	장마리 렌	
	찰스 피더슨	
1988	요한 다이젠호퍼	광합성 반응 센터의 3차원 구조 결정
	로베르트 후버	
	하르트무트 미헬	
1989	시드니 올트먼	RNA의 촉매 특성 발견
	토머스 체크	
1990	일라이어스·제임스 코리	유기 합성 이론 및 방법론 개발
1991	리하르트 에른스트	고해상도 핵자기 공명(NMR) 분광법의 개발에 기여
1992	루돌프 마커스	화학 시스템의 전자 전달 반응 이론에 대한 공헌
1993	캐리 멀리스	DNA 기반 화학 분야에서의 방법론 개발, 특히 중합 효소 연쇄 반응(PCR) 방법의 발명
	마이클 스미스	DNA 기반 화학 분야에서의 방법론 개발, 특히 올리고뉴클레오타이드 기반의 부위 지정 돌연변이 유발 및 단백질 연구 개발에 근본적인 기여
1994	조지 올라	탄소양이온 화학에 기여
1995	파울 크뤼천	대기 화학, 특히 오존의 형성 및 분해에 관한 연구
	마리오 몰리나	
	셔우드 롤런드	
1996	로버트 컬	풀러렌 발견
	해럴드 크로토	
	리처드 스몰리	
1997	폴 보이어	아데노신삼인산(ATP) 합성의 기본이 되는 효소 메커니즘 해명
	존 워커	
	옌스 스코우	이온 수송 효소인 Na+, K+ −ATPase의 최초 발견

1998	월터 콘	밀도 함수 이론 개발
	존 포플	양자 화학에서의 계산 방법 개발
1999	아메드 즈웨일	펨토초 분광법을 사용한 화학 반응의 전이 상태 연구
2000	앨런 히거	전도성 고분자의 발견 및 개발
	앨런 맥더미드	
	시라카와 히데키	
2001	윌리엄 놀스	키랄 촉매 수소화 반응에 대한 연구
	노요리 료지	
	배리 샤플리스	키랄 촉매 산화 반응에 대한 연구
2002	존 펜	생물학적 고분자의 식별 및 구조 분석 방법 개발 (질량 분광 분석을 위한 연성 탈착 이온화 방법 개발)
	다나카 고이치	
	쿠르트 뷔트리히	생물학적 고분자의 식별 및 구조 분석 방법 개발 (용액에서 생물학적 고분자의 3차원 구조를 결정하기 위한 핵자기 공명 분광법 개발)
2003	피터 아그리	세포막의 채널에 관한 발견(수로 발견)
	로더릭 매키넌	세포막의 채널에 관한 발견 (이온 채널의 구조 및 기계론적 연구)
2004	아론 치에하노베르	유비퀴틴 매개 단백질 분해의 발견
	아브람 헤르슈코	
	어윈 로즈	
2005	이브 쇼뱅	유기 합성에서 복분해 방법 개발
	로버트 그럽스	
	리처드 슈록	
2006	로저 콘버그	진핵생물의 유전 정보 전사의 분자적 기초에 관한 연구
2007	게르하르트 에르틀	고체 표면의 화학 공정 연구

세상에서 가장 쉬운 과학 수업 DNA 구조

2008	시모무라 오사무	녹색 형광 단백질(GFP)의 발견 및 개발
	마틴 챌피	
	로저 첸	
2009	벤카트라만 라마크리슈난	리보솜의 구조와 기능 연구
	토머스 스타이츠	
	아다 요나트	
2010	리처드 헥	유기 합성에서 팔라듐 촉매 교차 결합 연구
	네기시 에이이치	
	스즈키 아키라	
2011	단 셰흐트만	준결정의 발견
2012	로버트 레프코위츠	G 단백질의 결합 수용체 연구
	브라이언 코빌카	
2013	마르틴 카르플루스	복잡한 화학 시스템을 위한 멀티스케일 모델 개발
	마이클 레빗	
	아리에 와르셸	
2014	에릭 베치그	초고해상도 형광 현미경 개발
	슈테판 헬	
	윌리엄 머너	
2015	토머스 린달	DNA 복구에 대한 기계론적 연구
	폴 모드리치	
	아지즈 산자르	
2016	장피에르 소바주	분자 기계의 설계 및 합성
	프레이저 스토더트	
	베르나르트 페링하	

2017	자크 뒤보셰	용액 내 생체분자의 고해상도 구조 결정을 위한 극저온 전자 현미경 개발
	요아힘 프랑크	
	리처드 헨더슨	
2018	프랜시스 아널드	효소의 유도 진화
	조지 스미스	펩타이드 및 항체의 파지 디스플레이
	그레고리 윈터	
2019	존 구디너프	리튬 이온 배터리 개발
	스탠리 휘팅엄	
	요시노 아키라	
2020	에마뉘엘 샤르팡티에	게놈 편집 방법 개발
	제니퍼 다우드나	
2021	베냐민 리스트	비대칭 유기 촉매의 개발
	데이비드 맥밀런	
2022	캐럴린 버토지	클릭 화학 및 생체 직교 화학 개발
	모르텐 멜달	
	배리 샤플리스	
2023	문지 바웬디	양자점(퀀텀닷)의 발견과 실용화
	루이스 브루스	
	알렉세이 에키모프	

세상에서 가장 쉬운 과학 수업 DNA 구조